AF282897

Higüela abajo,
tras los pasos de Juan Rossi

Recopilado y escrito por

José María Rossi Rodríguez

Ilustraciones
Josué Misa Montero de Espinosa

© José María Rossi Rodríguez
Higüela abajo, tras los pasos de Juan Rossi
ISBN Libro en papel: 978-84-685-9423-1
ISBN eBook en PDF: 978-84-685-9424-8
Impreso en España
Editado por Bubok Publishing S.L

La salida para escapar de las dificultades
está llena de dificultades
Martin Gardner

La felicidad es un plato de patatas fritas
Snoopy

Groucho: *"Vamos, Ravelli, ande un poco más rápido"*
Chico: *"¿Y para qué tanta prisa, jefe? No vamos a ninguna parte".*
Groucho: *"En este caso, corramos y acabemos de una vez con esto"*
Los Hermanos Marx

A los pobladores del Zapal

Agradecimientos

A Carmen Virués, hija de Luis el Confitero, por sus aportaciones en la descripción de la calle Real.

A Fernando Rivera y Juan Manuel Daza, reiterar mi agradecimiento por las valiosas fotos cedidas desde sus álbumes *Barbate: Imágenes de ayer* volúmenes I y II, y *"Soltando Amarras", Barbate : 75 años de Independencia.*

A Paqui García, nieta de Paca la Camiona y a Victorina Rosado, hija de Victoria Rodríguez por las imágenes de su abuela y madre respectivamente.

A Paco Malia por su mirada histórica y poética de Barbate.

A Antonio Aragón porque sigue creyendo que todo este esfuerzo merece la pena y porque continúa contagiándome de sus sueños.

A Josué por los dibujos tan geniales que ilustran esta mirada al pasado.

Y a Ana, por todo lo demás.

Prólogo

No me despertéis que quiero seguir soñando

Juan Rossi y su hijo Jose Mari salen de nuevo de paseo por la Calle del Recuerdo. El padre sigue contándole al hijo retazos de su vida, sus vivencias y anhelos por este nuestro pueblo que se fue transformando aceleradamente, a la par que lo hacía Juan, desde su infancia hasta nuestros días.

En el primer libro *Un paseo por las lonjas de Barbate*, Juan narra su vida y la del pueblo centrado fundamentalmente en su trabajo en las lonjas de pescado. Éste, su segundo libro, *Higüela abajo*, es más intimo, más de fogonazos de recuerdos y anécdotas de su vida personal y familiar, con más humor, recorriendo de nuevo las calles de Barbate y sobre todo del Zapal, lugar mítico de su infancia, donde las personas que lo habitaban convivían con la miseria y el hambre junto con la dignidad, la alegría de vivir y la solidaridad: *"un lugar donde nadie se metía con nadie y sus habitantes hacían de su casa y su barrio un lugar entrañable para vivir"*.

Acabo de terminar de leer *Higuela abajo* en esta mañana de domingo de mayo, desayunando en el Paseo Marítimo, mirando el mar ondulado por un ligero viento de poniente que me trae imágenes entrañables de un pasado que sigue vivo, sencillamente, porque hay gentes como Juan y su hijo Jose Mari que siguen empeñado en recordárnoslos. Sabido es que todo lo que es recordado sigue con nosotros y hasta que la pátina del olvido apague ese pasado estará aún formando parte de lo que somos y de lo que sentimos por nuestro pueblo y sus gentes.

Al igual que en el primer libro, Juan señala y une los innumerables personajes que aparecen al lugar en que habitan, cartografiando el paisaje, las casas, los comercios y el linaje de cada uno de ellos. Hay un deseo de manifestar que aún existen, que se conserva el espacio donde estuvieron aunque haya cambiado su fisonomía: aquí estuvo el cine de Tablas, las Pilas de María Jarapo, la Viña de Rebollo o la Tienda de Paquito la Camiona. Estos personajes y lugares descritos por Juan y otros autores barbateños, tienen que servir para que sigamos recordando de dónde venimos, que nuestra alma barbateña tiene su historia, que cada suelo que pisamos fue habitáculo de vida y esperanza. Hay que señalar estos lugares, hay que recorrerlos hoy viajando en el pasado, dándoles de nuevo vida como hace Juan con su hijo Jose Mari y como seguramente hará Jose Mari con sus hijas.

Cuando desde la azotea de la casa de mis padres miro mi pequeño barrio donde Manuela la Gorila hablaba con Frasquita Tirado mientras Antonio Osuna tocaba la armónica en la esquina de Antonia la Bilita y Pedro el Loco barruntaba el levante con sus cantares. Cuando miro mi pequeño barrio vacío, sin niños ni voces, me entra unas ganas inmensas de llenar las fachadas con retrato o frescos de estos personajes, poblar estos espacios que llenaron mi infancia de carteles y fotos, decir que aquí vivieron y siguen viviendo porque aún los recordamos y quiero dejar constancia de su existencia porque es otra forma de decir que yo también existo en ellos. Este deseo es extensible a otros lugares del pueblo en donde el presente tiene que convivir con el pasado: señalar que aquí estuvo la cárcel, aquí vivió Juan Po, aquí mataron al Tato…Y por supuesto recuperar los pocos lugares que aún nos queda con reminiscencias del pasado como el Cine Avenida o los dos lugares naturales emblemáticos que aún pervive en lo que fue el Zapal: uno es el rincón de la Araucaria y el otro, muy cerca de ella, el árbol del Paraíso con su enorme piedra, donde Antonia se sienta en su silla cada tarde para contemplar el ocaso y oler su fragantes flores azuladas. Alguien debería intentar que nuestros hijos y los hijos de nuestros hijos sigan contemplando estos dos rincones maravillosos de nuestro pueblo.

Al igual que en *Un paseo por las lonjas de Barbate*, este *Higüela abajo* sigue ofreciéndonos imágenes de un Barbate y de un Zapal mágico que fácilmente podría haber puesto García Márquez en su *Cien años de soledad* o Buñuel y Fellini en sus películas. Una de ellas es la escuela de Perico el del Compás, construida de chapa y madera, como casi todas las casas del Zapal, en donde los niños y niñas para aliviar los picotazos de las chinches de los asientos *"…prendíamos fuego a papeles sobre las bancas y las chinches caían ahumadas y asfixiadas." "…en verano sacábamos las bancas al sol para que se calentaran y ahuyentaran a los insectos".* Otra imagen que nos trae Juan es la de un Zapal oscuro y alumbrado por las hogueras en el mes de noviembre donde para celebrar de antemano la Navidad:

"Se armaba una estrepitosa zambombá, bien entrada la tarde, en todas las esquinas y rincones del Zapal…" Me lo imagino a oscura, lleno de fogatas y sonando *"… las zambombas, realizadas a partir de una tinaja de sesenta litros…"*. ¿Qué diferencia podía existir con un poblado africano?. Otra imagen surrealista es la construcción de una plaza de toros en la misma playa, que se inundaba cual piscina durante los temporales de invierno y servía como recinto para los espectáculos taurinos y flamencos que cada fin semana del verano llenaba de jolgorio la playa y donde la chiquillada se colaba en la plaza haciendo boquetes en la arena. Finalmente me quedo con la entrañable imagen de un grupo de mujeres del Zapal que por las tardes acudían a la casa de Paca la Camiona para que ésta les leyera, de un enorme libro de cuatro kilos de peso, historias que las embelesaban hasta que la llegada de la noche interrumpía la lectura. *"A falta de una radio u otro entretenimiento, el libro de mi tía enriquecía la vida de aquellas zapaleñas que por unas horas se alejaban de la cruda realidad del Zapal"*. No me digáis que esta escena no es mágica.

Imaginando las historias que cuenta Juan en sus libros no puedo reprimir la idea de que alguien tiene que realizar, algún día, un maravilloso documental sobre el Zapal, tomando como guión los libros de Juan Rossi y de otros autores; entrevistando a todos los zapaleños y zapaleñas que aún viven y recuerdan, y tiene que hacerlo ya porque el tiempo apremia. También alguien tiene que escribir una novela épica-cómica sobre esta época y que sirva como base para una gran cómic, para una gran película que narre la vida y muerte del Zapal vivida por personajes ficticios pero que en realidad existieron. Y por último alguien tiene que escribir los poemas que eleven al Zapal, con sus miserias y grandezas, del imaginario mito infantil al mito literario. Animo a los jóvenes poetas barbateños que tomando como manifiesto el poema de Paco Malia La Araucaria del Zapal con el que termina el libro, se lancen a escribir ese poemario que aún nos falta junto con los jóvenes pintores que lo ilustren con hermosos dibujos y los músicos compongan melodiosas canciones como las que narra Juan en su libro. Sé que estoy soñando, pero me gusta hacerlo. Y por pedir que no quede ese parque museo del Zapal en torno a la Araucaria y al Paraíso con su maqueta, fotos, documentos y la caseta de tablas y chapas con su escaso mobiliario.

Acabo. Gracias Juan, gracias Jose Mari por darnos tanto. Quiero hacer extensible este agradecimiento a todas las personas que en un gesto de amor por nuestro pueblo ponen su granito de arena en la recuperación de lo que fuimos y lo que somos.

Antonio Aragón Correro

Higüela abajo, tras los pasos de Juan Rossi

Notas del autor

"Todo esta iluminado. He reflexionado mucho sobre el origen de tu búsqueda. Me ha enseñado que todo está iluminado con la luz del pasado, que está próximo a nosotros en alguna parte de nuestro interior buscándonos desde dentro".

Estas son las reflexiones que el joven ucraniano Alex hace a su amigo judío estadounidense Jonathan al final de la película *Todo está iluminado,* cuando viaja a Ucrania para buscar los orígenes de su familia. Tiene mucho de poesía y de metáfora esta obra que me ha inspirado para llevar a cabo la continuación de las memorias de Juan Rossi.

Como un coleccionista de recuerdos familiares, he intentado descubrir y desvelar la figura de mi padre, esa que guarda una estrecha relación con una generación y una clase social determinada en los años en que Barbate comenzaba a repuntar gracias a los productos del mar y al crecimiento urbano.

Él conoció la etapa de florecimiento de su pueblo a la par que experimentó en su propia piel el fenómeno del Zapal, un espacio lleno de vida en donde la losa de la brecha social pesaba más que todas las piñas que cargó en sacos, las piedras que acarreó para hacer la cal o todas las cajas de pescado que estibó en camiones que salían al exterior. Un submundo en el interior de otro mundo.

Con estos recuerdos, mi padre rescata del olvido a innumerables personas: amigos, vecinos, compañeros de trabajo, familiares y otros conocidos que simplemente pasaban por allí. Reconstruye su historia, la del Zapal y la de su pueblo, a partir de objetos, situaciones y lugares emblemáticos, sin más pretensión que la de contar y contar, simples historias de la vida cotidiana, de esfuerzo y sacrificio, dando saltos en el tiempo, de acá para allá. Lugares que ya solo existen en el rincón de la memoria.

Superado el matiz peyorativo que aún contiene el gentilicio zapaleño, hablar de ellos comporta hablar de supervivientes, cuya capacidad de resiliencia perdura en estos tiempos también difíciles, además de mantener viva la actitud de quejarse poco y compartir mucho, su auténtica señal de identidad.

Higüela abajo, tras los pasos de Juan Rossi

Juan no es nombre de tonto

El 16 de marzo de 2013, el mesón Torres fue el lugar escogido para celebrar el cincuenta cumpleaños de mi hija Leo cumplidos el día anterior. Cobra mucha importancia este tipo de celebraciones no solo por ver a mis hijos conmigo sino también por ver a la familia disfrutar al completo. Así pues, con mis hijos, nueras, nietos, otros familiares y allegados nos reunimos en torno a una mesa para compartir algo más que una comida.

El día de lluvia presagiaba intensas emociones, y a más de uno se le escapó alguna que otra lágrima mientras hojeaba el álbum fotobiográfico que mi hija recibió como regalo, y que descubría a personas muy significativas de su vida. Pero lejos de introducirnos en la encrucijada de la nostalgia que podía ahogar la fiesta, recobramos pronto la lucidez del presente en el instante en que los niños empezaron a burlarse de los fotografiados.

La tarde discurrió en su casa, envueltos en una merienda con una tarta de Juan Martínez con cincuenta velas que más bien parecía un paso de Semana Santa, a la vez que los pequeños se desfogaban con una pelota de baloncesto y una canasta.

Mi hijo Jose Mari no quería dar por terminada la fiesta y me propuso que nos acercáramos a la Lonja Vieja en la

Chanca porque allí se celebraban actos en conmemoración del 75º aniversario de la independencia de Barbate. No decliné su propuesta porque me apetecía visitar aquel lugar, ahora reconvertido en centro de actividades culturales. Estaba a punto de empezar una pieza de zarzuela cuyos protagonistas eran barbateños vestidos con trajes antiguos que los devolvían a un pasado no muy lejano, a los años 20 y 30. De pronto, me asaltó un viejo compañero de trabajo llamado Juan, empleado de la fábrica de nieve, puede que el único superviviente de aquella factoría, y como dos viejos anclados al mismo eslabón de la memoria empezamos a recordar aquellos años de intenso trabajo en el puerto:

¿Te acuerdas Juan de las 175 toneladas de nieve que cargamos en el Graña?, y le digo: *sabes Juan que esto mismo lo cuento en mi libro.* Algo incrédulo salta: *¡¡¿qué tú has escrito un libro?!!* Pues sí, le respondí orgulloso; *te lo puedes descargar por internet; tú pon: Juan Rossi, un paseo por las lonjas de Barbate y ya te sale.* Y me pregunta, *¿y hay que pagar algo?*, le digo: *no, sólo pagas si lo quieres en papel, pero te sale barato.* Mientras tomaba nota, yo continué: *pues sabes Juan que estoy escribiendo otro,* y me salta: *¡¡¿Qué estás escribiendo otro?!!!; ¡¡¡¡anda yaaaa Juan!!!!*

El Zapal: entre tunas y cañaverales

Barbate se ordenaba en cuatro sectores: el pueblo, el pinar, la playa y el Zapal. Desde la Avenida del Puerto, sinuosa vereda entre escombreras y pinos, se accedía al Zapal por la Higüela. La Higüela era una trocha flanqueada por tunas a ambos lados, colindantes con numerosos huertos y casas, que transcurría por la actual calle Zapal hasta la parte inferior de la cuesta de Emilita Luna. Mi padre y yo ascendíamos por este camino hacia el Pinar para la recolección de piñas y picón.

Higüela abajo por el lado izquierdo, te topabas con las Pilas de María Jarapo, un cañaveral y tunal que hacía las funciones de lavadero público, con cuatro o cinco pilas de mampostería donde las mujeres lavaban la ropa y extraían el agua de un pozo.

Más arriba, por detrás de Las Pilas de María Jarapo se encontraba un cerro de barro colorado llamado la Picota, también bañado por muchas tunas, en donde la vista alcanzaba a ver la playa y el mar sin que ninguna edificación impidiera la panorámica, salvo las construcciones de la avenida del Faro como la fábrica de Aniceto Ramírez, la de Osborne y el resto de viviendas: la casa de La Gabina, de Escobar, El Miramar, etc.

Si seguías por la Higüela, antes de llegar al nº 29 de la

actual calle Zapal, en el lado derecho se hallaba la Huerta de María la de Enrique, también cercado por tunas. Higüela abajo, próximo a la araucaria que sobresale del actual descampado, aparecía el horno de Nicolás Jote que proveía de pan a muchas familias: a la de Momo, a la hermana de Nicolás Jote con la que guardo mucha amistad, a la de Antonia Gallardo, sobrina de Nicolás, y a otras muchas que daría para otro libro.

Debido al crecimiento de la población en los años 40, Barbate llegó a poseer una amplia lista de hornos y panaderías: la del citado Nicolás, el horno de Corriente por detrás de la Aguja Palá próximo a la vereda del Pinar, el horno de Morillo enfrente de La Viña de Rebollo, el de Márquez, el de Bigalombro en la misma cuesta de Márquez, el de Enené en la paralela de Márquez, el de Benítez en la Calle Nueva, y el horno de Roldán abierto en los años 80, en una perpendicular de la calle Agustín Varo.

Antes de rebasar el horno de Morillo, en la parte izquierda se situaba la Viña de Rebollo, un rico huerto con viñas de poco más de 70 metros de extensión.

A la espalda del horno de Morillo se proyectó la construcción de un cine dirigido por Antonio Soler, dueño de la tienda de comestibles. Durante la construcción del cine aconteció un fatídico accidente que se llevó por delante la vida de dos personas; una pared se derrumbó pillando a un niño de ocho años, hijo del segundo de la Almadraba y vecino de la cuesta de Emilita Luna, y la otra víctima fue un hombre de mediana edad, hermano de Angela, vecina del Zapal que vivía próxima al horno de Corrientes.

Pegado al Pinar por el lado noroeste, donde mismo estaba la tienda de la Paquera, se localizaba el huerto de Manuela Paraviento que tenía una hermosa morera. El collado de barro se prolongaba por la parte oeste del Zapal y lindaba con el Pinar. El agua se filtraba por este barro y le daba un aspecto pegajoso y húmedo, ideal para modelar muñecos de barro. Por este lado la construcción de chabolas iba en aumento.

La cuesta de Emilita Luna era otro de los accesos principales. Mi primera vivienda hasta 1954 se ubicaba a pie de dicha cuesta. Desde la cuesta de Emilita Luna veía desfilar a los vecinos de camino hacia la calle Nueva o hacia Agustín Varo. Yo lo hacía para ir al cine de Tablas en la avenida de José Antonio o al cine Malia en la calle Agustín Varo. ¡Qué bien me lo pasaba!

Pasada la tienda de Felipe, donde Canito tiene el negocio de material de construcción, se descubría otra fila de higueras al lado de la casa del Isleño; esta parcela se mantiene libre de construcciones en la actualidad. En esta zona instalaron un grifo que surtía de agua potable a los zapaleños, aunque existían pozos particulares que suministraban agua a un sinfín de familias, algunos potables y otros no, unos con agua turbia y otros con agua muy clara y buenísima, como la del pozo de la Frijona. Me acuerdo también del pozo de Cayetana, el pozo de Herminia, el pozo de la Tres Pelos, el pozo de Elvira. A veces, las familias propietarias agradecían que dejaras alguna perra chica o gorda por cubo. Tengo que decir que ninguna familia me pidió dinero por los cubos de agua, y mira que acarreé innumerables con la ayuda de un aro de madera para que fuera más fácil transportarlos. Mi tía Juana disponía de un pozo en la cocina pero el agua no era potable, la utilizaba para el fregado de la loza y el aseo personal.

Cuando era un mozalbete, también acarreé muchos cubos desde los grifos que surtían de agua potable cerca del Pósito Pescador y de los que estaban pegados a la actual peña flamenca, donde antes se ubicó el antiguo cuartel de la guardia civil.

Como ya relaté en mi anterior libro, las noches en el Zapal eran muy animadas; contaba yo con 12 años y muchas noches jugaba a la lotería en la caseta de Antoñita Álvarez, al lado de Nicolás Jote, bajo la tibia luz de un quinqué y la atenta mirada a unos cartones muy gastados por los apuntes con cáscara de naranja y chinos. Este bingo clandestino no era el único, otros cuantos se repartían a lo largo y ancho del Zapal. Allí me encontraba a vecinos de todas las edades, desde chiquillos de mi misma edad hasta mayores con bastón. Cada cartón valía una chica, a veces ganaba y otras perdía, la cuestión era entretenerse antes de ir a dormir.

De niño no tenía conciencia de estar viviendo en un lugar insalubre como era aquel laberinto de chabolas y callejuelas embarradas, sin agua corriente, ni luz, ni alcantarillado, ni recogida de basuras, sino más bien todo lo contrario, tenía la suerte de habitar en un lugar donde la gente mantenía sus casas limpias, trabajaba feliz (¡y de qué manera!), las tiendas estaban rebosantes, y los muchachos nos divertíamos cada noche y también en las fiestas. La calle era el lugar de encuentro, de reunión, de recreo, de celebración, en el que nadie se metía con nadie y sus habitantes hacían de su casa y su barrio un lugar entrañable para vivir.

Mi etapa escolar

En 1938, año de la Independencia de Barbate, ya cursaba mi primer año en la escuela. Con mi padre ausente porque el Alzamiento Nacional lo sorprendió embarcado y no tuvo más remedio que refugiarse en Casablanca, mientras que mi madre se dedicaba al cuidado del resto de la familia.

Con 7 años ingresé en la escuela de Señor Pedro, más conocido como Perico el del Compás, ubicada en un callejón que sale de la calle Zapal entre el horno de Morillo y el horno de Nicolas Jote, donde permanecí escolarizado por dos años. La escuela construida con chapas y maderas albergaba a unos 40 niños de diferentes edades. Era una chabola con una pequeña sala con bancas de madera, una pizarra, la mesa de Señor Pedro y su silla. Nos sentábamos seis o siete niños por banca, con más chinches que escondían los asientos que era horroroso la picazón que provocaban; salíamos de la escuela comiditos de ronchas. Para exterminarlas, prendíamos fuego a papeles sobre las bancas y caían ahumadas y asfixiadas. Cuando hacía bueno y sobre todo en verano, sacábamos las bancas al sol para que se calentaran y ahuyentara a los insectos.

Por la ventanas de la escuela se colaba el olor a pan

procedente del horno de Morillo, circunstancia que a más de uno turbaba y desconcentraba de las tareas de clase. La cabeza viajaba hasta la gran cesta donde el panadero depositaba unos picos largos, torraditos, crujientes y con un toque ahumado que a mí me sabían a gloria, pues no os podéis imaginar el hambre que había entonces. Con una gorda te comprabas dos o tres.

A los chiquillos de aquella época nos gustaba mucho jugar a los bolindres, pero Señor Pedro nos los confiscaba si pillaba a alguien distraído, sin embargo no se los quedaba para él sino que los rifaba cuando reunía un número considerable. Los sorteaba de veinte en veinte y al agraciado que le tocaba era en ese momento el ser más feliz del planeta.

Pasados dos años tuve que dejar esa escuela porque mi madre no podía costearla. Mi padre fue encarcelado justo después de acabar la Guerra Civil y la situación económica familiar era insostenible. Ingresé en la escuela de don José Graña, subvencionada por el ayuntamiento situada en la calle de Correos, que además incluía el servicio de comedor social en la calle del Río Viejo.

A falta de mi padre, mi madre mantenía a su familia ganando algunas gordas en la fábrica de Osborne; esta conservera utilizaba un sistema de pago muy particular mediante fichas metálicas canjeables por dinero; una gorda por ficha. El día del canje se anunciaba con antelación para que cada trabajador reuniese las fichas y obtener su sueldo. Muchas tiendas de Barbate aceptaban las fichas metálicas como medio de pago, y yo, muerto de hambre, birlaba alguna que otra de la cajita donde mi madre las guardaba y me compraba una zamboa en la tienda de Frasquita la Gabina.

En la escuela de don José Graña nos prepararon para hacer la comunión, obligándonos a la asistencia de misa dominical aunque alguna vez que otra me escapé. El día que don José Graña anunció que la comunión se celebraría al siguiente domingo, los niños dábamos botes de alegría. El comedor social nos facilitó la indumentaria para la celebración: una chaquetita oscura y un pantalón corto que mantuve puesta todo el día hasta la hora de acostarme, igual que el resto de chiquillos.

Poco tiempo después abandoné la escuela y aunque tuve la oportunidad para seguir aprendiendo de la mano de mi tía Ana Rossi, hermana de mi padre, no la aproveché porque imperaba más la supervivencia que la instrucción. Mi tía Ana tenía aptitudes para la enseñanza aunque no tenía titulación alguna. Casada con un higuereño que trabajó de fogonero en el Consorcio, regresó de Larache después del Alzamiento. Mi mujer aprendió a leer y a escribir de la mano de mi tía paterna al igual que otros muchos zapaleños.

Mi padre fue apresado cuando acabó la Guerra Civil y tras un año en cautividad regresó a Barbate bajo una situación de semilibertad. El día de su liberación fue uno de los días más felices que recuerdo, aunque con su llegada se acabó parte de mi infancia, mis juegos de calle y playa. Como primogénito asumí que mi obligación era colaborar en el sostenimiento económico de mi familia, y así fue como me empleé en la recogida de piñones en la Breña y en el tercio encallando lanchas.

Mi tía Ana junto a mi padre

Mi madre

Mi madre (arriba derecha)

Mis padres, Juan Rossi y Leonor Ponce

La aldea de San Ambrosio

Acuden a la memoria numerosos acontecimientos vividos que no narré en mi primer libro, y uno de ellos aparece envuelto con sabor a pescado y a campo. En torno a 1943, mi padre y yo solíamos vender caballas y jureles grandes en la aldea de San Ambrosio. A las siete de la mañana con la fresquita, Higüela arriba, arreábamos a nuestros espaldas cestos de palma y esparto cargados de pescado y recorríamos los treces kilómetros que separaban ambos núcleos para mercadear puerta a puerta por todas las casas de la aldea. Por aquellos años San Ambrosio era una extensión de chozas dispersas y protegidas por higueras que se repartían a lo largo de cuatro kilómetros a la redonda. La gente del campo por lo general eran muy humildes y precisamente no era dinero lo que obteníamos de ellos, sino huevos, pan de cebada y otros productos elaborados.

De camino a Barbate cosechábamos quesillos, que para el que no los conozcan son una especie de alcachofas pullosas que guardan en su interior un corazón carnoso envuelto en plumas. Los vendíamos en la esquina de la tasca de Mateo, y así discurría mi vida a la edad de trece años.

Una zapaleña navidad

La costumbre de celebrar la Navidad dos meses antes no llegó ni con la publicidad, ni la televisión, ni con los centros comerciales sino con la zambomba. Sí señor, con la zambomba, realizada a partir de una tinaja de sesenta litros que empezaba a tocarse por el mes de octubre.

Se armaba una estrepitosa *zambombá* bien entrada la tarde, en todas las esquinas y rincones del Zapal y otros lugares del pueblo, entretenimiento garantizado para niños y mayores. Era el inicio de una festividad que convulsionaba la rutina de Barbate, sobre todo la del Zapal, que todas las noches, en ausencia de alumbrado eléctrico, se iluminaba con improvisadas hogueras hasta la llegada de la Navidad. De las calles adyacentes, solo la antigua carretera del Faro era la que disponía de alguna triste lámpara callejera. La oscuridad de las viviendas se disipaba con quinqués de petróleo, que además tiznaba la nariz de negro mientras se dormía y cuando al levantarse se miraba uno al espejo veías el rostro de un minero.

El Zapal era como la calle Mayor de cualquier pueblo o ciudad, trasiego de gente para arriba, gente para abajo, y eso que nunca llegó a tener alumbrado público. Y junto a las zambombas, en la navidad zapaleña también resonaban las panderetas y almireces, sin que a nadie le importunara el estrépito provocado. A la edad de 15 años, me juntaba con Antonio Soler, Antonio Rosado, mi primo Paco Soler y mi hermano Manuel Rossi; los cinco amigos pasábamos toda la noche fuera, sin necesidad de fiestas en locales o discotecas, ni cubatas, ni falta que hacía, tan solo con unas copitas de anís en el cuerpo.

Señor Castañeda, vamos navegando por...

Vicente era un compañero de 13 años que coincidió conmigo en la escuela de don José Graña. Este chaval trabajó en la emisora de radio que establecía las comunicaciones con los barcos.

La primera emisora de radio de Barbate se inauguró en 1953 ó 1954, en una lancha encallada en la orilla de río, muy cerca de la caseta de los carabineros en la misma punta del muelle de la Lonja Vieja. El primer operador que manejó aquel aparato de radio fue un tal Peña, a la vez que numerosos curiosos querían ser testigos del milagro de las telecomunicaciones, entre los cuales me encontraba yo. Pasados unos años, la emisora fue trasladada a otro lugar que no recuerdo, estas vez en tierra firme con nuevos operadores: el señor Castañeda y Vicente, mi antiguo compañero de clase. Ya avanzado los 50, casi toda la flota barbateña disponía de radio y prácticamente todos los pilotos arrancaban con un *"señor Castañeda, vamos navegando por…"*

Un reciclado integral

El padre de mi compañero Vicente era el remendador de redes de las lanchas que Aniceto Ramírez empleaba para atravesar el Estrecho en busca de las caballas del cantillo. Estas lanchas atracaban a puerto de madrugada y la actividad de la Lonja Vieja se iniciaba desde muy temprano. Los meses de mayo y junio eran los meses propicios para su captura. La totalidad de las caballas eran reservadas para la industria conservera, proporcionando empleo a muchos barbateños. Actualmente la totalidad de las fábricas de conservas ya no existen y en su lugar surgen otras edificaciones: un Mercadona ha reemplazado a la fábrica del Rey de Oros y otras edificaciones se han levantado en el emplazamiento de la fábrica de Osborne, Perez y Feu, la de los Crespo, Gallardo o los Masones.

De las caballas se aprovechaba todo, como en el atún. Hasta finales de los 30, las principales conserveras como Aniceto Ramírez, Osborne, arrojaban los despojos de las caballas y sardinas por la trasera de sus instalaciones, hasta que cayeron en la cuenta de que los desperdicios también podían traer cuenta. Además de extraer el aceite a partir del prensado de cabezas de caballas cocidas, después llegó el negocio del guano para prácticamente todas las fábricas.

Recuerdo que durante un tiempo me dediqué en la Lonja Vieja a limpiar *agujás palás* de las que vendíamos sus cabezas a un señor llamado Rivas, asentado en un almacén del Río Viejo próximo a la Barca Pasaje. Según me contaba, de las molleras de las *agujas* extraía una pringue ideal para hacer pintura.

Unos higuereños muy peculiares

En mi primer libro narré mi etapa de trabajo en la calera de Paquito que después pasaría a manos de Rosadito. Mi primer jefe, Paquito, fue un chipionero de los muchos que acudieron a Barbate a ganarse el sustento, pero además de calero daba cobijo a sus paisanos en su negocio, donde dormían hasta que encontraban un alojamiento más digno.

La calera se ubicaba en la carretera del Faro, enfrente del saladero de Juan Quintana y más que una calera parecía una pensión; todas las mañanas cuando abría sus puertas sorprendía a los chipioneros abrigados con mantas, en el suelo o rincón que se le antojase. Una mañana me llamó la atención ver cómo las bestias mantenían sus cabezas levantadas sin que hurgaran sus hocicos en la paja del pesebre; me aproximé y me encontré a un hombre de aproximadamente 60 años que yacía dormido apaciblemente. Abrió los ojos sobresaltados y se levantó como un resorte; de pronto su rostro se encogió de vergüenza por haber usurpado el cajón de los animales y apurado se excusó argumentando que no había encontrado ningún otro hueco porque todo estaba ocupado, incluida la pila donde Paquito salaba las sardinas. *No te preocupes hombre, si ha dormido bien, mejor para usted, que no pasa nada,* le dije yo con la intención de que recuperara pronto su maltrecha dignidad. Cuánta lástima y compasión sentí por ese hombre mayor que representaba la penuria de aquellos oscuros años. Hasta ocho personas se reunían en la "pensión" de Paquito, sin embargo, por suerte para estos transeúntes, el periodo de estancia era corto porque en las almadrabas requerían mucha mano de obra que les permitía costearse una casa o habitación.

La calera de Paquito no solo albergó dramas personales, también anécdotas divertidas de otros higuereños legendarios. Como la del churrero Taconeo que dejó a su esposa en Chipiona y se trajo consigo a su joven hija para que le ayudase en el negocio de los calentitos; instaló un diminuto kiosco de madera delante del almacén de Antonio Soler, en la actual farmacia de Higueras. Taconeo se servía de un gitano amigo suyo para elaborar la masa a primera hora de la mañana, antes de que yo entrara a faenar en la calera.

La calera escondía un pozo oculto a ras de suelo de agua no potable, de color verdina y muchas partículas en suspensión; la boca del pozo tenía medio metro de diámetro y se estrechaba a poco menos de un metro de profundidad por un entramado de palos y clavos puntiagudos que afianzaban la estructura de cemento. En una ocasión estuve en un tris de caer en el pozo y ser atravesado por las estacas como un vampiro.

Todas las tardes noches antes de dar cerrojazo a mi jornada en el negocio de Paquito, sacaba agua de aquel pozo y la depositaba en una tina que preservaba para el lavado de las botas de madera que me protegían de la cal. Una mañana sorprendí al gitano, ayudante del churrero Taconeo, volcando el agua de la tina al cubo que empleaba para la elaboración de la masa de los calentitos; *¡pero hombre, vas a coger el agua de la tina donde lavo las botas!*, y me suelta el muy fresco, *¡con eso los churros están más pringosos!* Os imagináis cómo salían los churros: ¡verdes!, ¡los churros salían verdes! Vaya *pechá* de reír que me di con aquel desvergonzado.

Si por la mañana el humo de los calentitos pringosos y verdosos envolvía la esquina del almacén de Antonio Soler, por las tardes era una nube aceitosa de tortillitas de camarones la que impregnaba aquel punto de la carretera del Faro. Taconeo las sacaba muy grandísimas, a peseta cada una y tenían muy buena acogida por los vecinos, que por otra parte no se fijaban en el aspecto también verdoso; lo mismo daba, todos creían que a Taconeo se le iba la mano con el perejil.

La anécdota de los churros y tortillitas verdosas no acabó aquí. El Pavo, otro chipionero que coincidió con Taconeo a su llegada a Barbate y socio de éste en el negocio de las fritangas, salió mal parado en una discusión entre ambos y decidió montar su propia churrería. Lo hizo enfrente de la tienda de mi primo Paco la Camiona, cerca de la casa de Escobar, con la variante de que los fritos los amasaba con un toque de canela para hacer la competencia a los verdosos de Taconeo y así, robarle la clientela.

A los vecinos de la carretera del Faro nos divertía el duelo entre churreros en medio de la embarrada calle, en donde el vapor del aceite ocultaba otras nubes de pestilencia cercanas. Al cabo de cuatro o cinco años, aquellos higüereños expertos en fritadas se volvieron a Chipiona, incluido el gitano con su pringosa y secreta receta.

Otros chipioneros que conocí fueron el Carnuzo, el Porras cuyo yerno trabajó conmigo en la Lonja Vieja, el Sancho que se comió sesenta higos chumbos en Larache y llegó el pobre a Barbate pero que muy apretado; este hombre haciendo honor de una expresividad muy beata, típica de los higüereños, decía *Virgencita de Regla, quítame ésto* y cuando los higos anunciaron su salida, el Sancho salió escopetado para evacuar hacia una de las calles que hacía las funciones de estercolero con salida a la playa, entre la fábrica de Aniceto y Osborne.

Carretera del Faro en torno a 1937 (Fuente: "Soltando Amarras", Barbate : 75 años de Independencia)

Los tentáculos del hambre

A la edad de diez años, yo compartía con el resto de zagales del pueblo una sensación universal y permanente: el hambre.

Para ganar alguna perra chica o gorda y llenar nuestro desconsolado estómago, mi hermano Manuel y yo nos ofrecíamos a transportar el pan del horno de Márquez a la tienda de comestibles de Antonio Soler, con la ayuda de una puerta grande que hacía las funciones de una batea, y a un ritmo acompasado recorríamos los 150 metros que separaban ambos negocios. El hambre era una constante en el día a día, se respiraba en el aire, te levantabas con ella y te acostabas igual, así que el transporte de una mercancía tan suculenta que atizaba los sentidos era todo una tentación.

Las largas distancias no me achicaban si la finalidad era llevarse algo a la boca. Mi hermano Manuel y yo, siempre dispuestos a coger cualquier fruto del campo y de la mar, recorríamos la Breña, el Soto, la Oliva, la Yerbabuena, Pajares, el Laollá, el Olivar un día y otro también. Como en aquella ocasión que nos pateamos de golpe la Breña, el Olivar y la Oliva para recolectar palmichas y ni una sola nos pudimos llevar a la boca. Entonces, ya aburridos y hartos de deambular, decidimos hacerle una visita a nuestra hermana Lola que trabajaba de sirvienta en la hacienda la Boticaria cuyo dueño era el Cojo Soler. Dicha finca se encontraba pasando el Santuario de la Oliva a la altura de la antigua tienda de Perulito actualmente en ruinas, en donde en posteriores años saboreé los toninos aliñados que tan bien preparaba. Después de la visita intempestiva a mi hermana Lola, mi hermano y yo nos volvimos con las manos y el estómago vacíos aunque con los pies rebosantes de tanto patear.

A finales de los años 30, los restos de caballas se tiraban por detrás de las fábricas de Aniceto Ramírez y de Alejandro Osborne, o sea, casi pegados a la playa, y después los chiquillos de mi edad expurgábamos la zona de pedazos de caballas y huevas susceptibles para el consumo. Qué mejor proteína que la del pescado. El Consorcio Nacional Almadrabero también arrojaba los restos de atún por detrás en la playa, labor que hacía un empleado llamado Juan con la ayuda de cuatro borricos, y después los zagales nos asomábamos para garrapiñar algún que otro cachito.

El desayuno de mi infancia se componía de un bollo de maíz mojado en café en vaso de cristal o en una lata. Los bollos se adquirían en cualquiera de las panaderías de Barbate y resultaban tan duros que se resistían a empaparse en café, aún así el estómago lo agradecía.

Casi a diario, mi madre preparaba espoleá de maíz para el almuerzo, más apetecible que los bollos. Paulatinamente empezaron a entrar en Barbate nuevos productos, como la harina de castaña y a partir de entonces la espoleá empezó a hacerse con esta materia. Pero sin lugar a dudas el producto estrella de los años 30 y 40 era el boniato asado o cocido.

El sustento de nuestra familia justo después de la Guerra Civil se basó en la recolección de picón, piñones, palmitos, palmichas, etc. que nos proporcionaba ingresos muy justitos para comer.

Corría el verano de 1947 cuando todas las mañanas, de camino a la calera, desayunaba un cuartilla de higos chumbos, que hacían un total de 25 unidades. Por aquellos años la venta ambulante de higos chumbos era usual en calles y esquinas.

Mi padre, embarcado en el Cabeza de Hierro, tras un día de pesca nos sorprendía con caballas y jureles de los cuales me agenciaba alguno que otro ejemplar para consumirlo en la misma calera; lo colocaba abierto por la mitad en una plancha de un bidón de petróleo y a esperar a que la temperatura hiciera el resto en uno de los tres hornos del local. Retiraba aquellos manjares del fogón cuando el aspecto horneado e inconfundible daba el cante y entre los compañeros nos lo zampábamos a cualquier hora u ocasión. Un vendedor chipionero anunciaba la venta de tortas azucaradas a peseta cada una que, unidas a los pescados, nos proporcionaban un menú exquisito y paliativo del hambre generacional de los 40.

Aquellos hermosos temporales

Los barbateños aún siendo conscientes de que la mar te puede arrebatar la vida, en lo más profundo sentimos una atracción irrefrenable hacia el mar bravío, y una prueba de ello era la expectación que originaba los grandes temporales y cómo en la playa confluía muchos curiosos para contemplar las gigantescas olas.

No recuerdo si fue en 1948 ó 1949 cuando un magnífico temporal arreció sobre nuestro litoral, y mira por donde los barbateños que disfrutábamos de aquella estampa divisamos un pequeño barco que zozobraba a dos millas de la costa. La cara de disfrute de los allí reunidos cambió por completo y se tornó en ansiedad por lo que podía suceder en ese momento. La noticia corrió como la pólvora y la afluencia de público se triplicó enfrente del Real de la Almadraba. Por suerte el viento no era el temido *zapatazo* sino viento de la mar que batía de popa, así que el barco con el motor parado se enfilaba hacia la playa, sin embargo, el sufrimiento de los presentes iba en aumento con solo imaginar el mal trago de la tripulación.

El barco también pudo resistir el embate de la mar sin que volcara porque tenía mucho calado. A poco más de cincuenta metros de la playa un marinero, Benito el de Pico, se lanzó al agua y un compañero desde el barco le arrojó un cabo para que lo arrastrara a tierra firme. Benito bajaba y subía a capricho de las olas, con un esfuerzo titánico, hasta que por fin consiguió ponerse de pie y entre unos cuantos pillaron la cuerda para tirar de la embarcación. Un gran número de barbateños, incluido yo, nos unimos a esa labor hasta que el barco encalló y los siete tripulantes saltaron al agua aliviados de aquel trance.

El barco de trece metros de eslora quedo varado en la arena enfrente del Real durante mucho tiempo, y su presencia en la playa agitaba en mi memoria el recuerdo de mi naufragio en la Barra con catorce años. Una vez más consideré que el trabajo en la mar no está pagado con nada si es la vida lo que se cobra.

Al cabo de tres años, el barco fue reflotado por un nuevo armador llamado el Chorizo, un verdulero que regentaba un puesto en el Zapal. Preparó la nave como marrajera para la captura de la *aguja palá* en el Mar Negro, sobrenombre que le daban los pescadores a la zona de alta mar enfrente de la costa barbateña, donde mar y cielo se unían sin que la línea divisoria de tierra alcanzara la vista.

Allá por los años 40, los temporales también se notaban en tierra, se colaban por el callejón existente entre la fábrica de Aniceto y la fábrica de Osborne, en la zona que actualmente ocupa el Mercadona. El agua del mar invadía el callejón y encharcaba toda la parte baja del Zapal, incluso inundaba la parte inferior de la Cuesta de Emilita Luna y alrededores del Pósito Pescador. Nosotros, zagales sin alpargatas, jugábamos descalzos metidos en los charcos de agua salada por toda la carretera del Faro. Aquellos temporales eran sobrecogedores.

Los pestiños de la tía Juana

Mi tía Juana, hermana de mi madre y casada con Antonio el Tuna paraban en una chabola muy pequeña del Zapal y en la Nochebuena de 1943 las dos hermanas idearon hacer tortas. En la reducida casa de mis tíos nos reunimos diez personas: mis tíos, mis padres, mis hermanos y yo. Su mobiliario se reducía a una cama, dos sillas, y unos cuantos taburetes de corcho que no alcanzaban a ofrecer asiento a todos. Por su reducido tamaño y por su bajo coste, el taburete de corcho era el mueble estrella de la mayoría de las chabolas del Zapal; de fabricación casera, la materia prima se obtenía de las almadrabas.

La casa de mi tía Juana se alumbraba con velas, y la preparación de los pestiños se hizo a media luz. No puedo negar que el espíritu de la Navidad no invadiera cada rincón de su modesta casa, pero dada la estrechez del lugar debió ser un espíritu de dimensiones reducidas. Mi tía, mi madre y mis hermanas con las manos en la masa, y el resto de hombres con las manos en la barriga a la espera de hincar el diente.

Tras una corta prórroga para que se enfriaran, dio comienzo el festín ya bien entrada la madrugada. Ni una pizca de miel pudo enmelar aquellos apetecibles pestiños, ni una gota de anís los humedeció en la boca, nada de nada, salvo las escuchimizadas tortas que encerraban las estrecheces de aquellos años.

La panzada de masa frita acabó a las seis de la mañana y nos fuimos a dormir para aprovechar unas pocas horas de sueño. De la misma manera que una resaca golpea la cabeza nada más despertar, los pestiños atizaron en el estómago con mucha ardentía. Yo pasé todo el 25 con una *fatiguita* que afortunadamente no estropeó el resto de la fiesta. Y así pasábamos la Nochebuena en aquellos años de posguerra, y lo cuento tal como pasó, una realidad tan cruda como un pestiño sin miel, y dando gracias a dios de que no lloviera porque entonces, no solo sufriríamos de ardentía sino también de una probable pulmonía.

Chabolas del Zapal (Fuente: "Soltando Amarras", Barbate : 75 años de Independencia)

El ford Pedales

En el verano de 1947, el dueño del negocio de la calera, Paquito, tenía intención de cambiar de coche para usarlo en su negocio; contactó con un corredor de coches de Vejer para ofrecerle a cambio un carro y un borrico. El coche en cuestión era un ford pedales que se correspondía con el modelo ford TT, camión de tamaño reducido utilizado sobre todo en los años 20, con un complicado sistema de arranque y conducción.

Paquito subió a Vejer en un elegante buick conducido por su hijo Manolo Sánchez y Juanito Miranda, conocido trapero de Barbate, mientras que yo encaramaba la cuesta en el carro y con el borrico que Paquito quería intercambiar. Cuando alcancé Vejer, comprobé que no solo Paquito estaba interesado en el camión, allí se concentraba más de uno junto al tratante.

El corredor era un gitano experto en este tipo de cambalaches y cuando Paquito estuvo a punto de cerrar el trato, se metió por medio otro de los interesados en el ford y la transacción con Paquito se fue al traste. Paquito maldijo al gitano y al comprador porque, a pesar de ser un coche antiquísimo, resultaba ideal para el negocio de la cal.

Aquella noche en Vejer actuaba el matrimonio de

cantaores flamencos, Pepe Pinto y la Niña de los Peines, en el cine San Francisco, y Paquito, decidido a no pasar el día en balde, nos llevó al espectáculo de los cantaores para animación de todos. Me acuerdo de que había un piano en la parte inferior del escenario, y Paquito, haciendo gala de su natural cara dura, no se le ocurrió otra cosa que tocarlo, bueno, más bien golpear las teclas. Después de todo el tío tenía gracia, la que no percibieron los encargados del local que le llamaron la atención y estuvieron a punto de echarlo a la calle.

En una de éstas, Juanito Miranda me preguntó por los servicios y yo, que ya estaba muy gracioso, le envié a los camerinos de los artistas. El grito de sorpresa que soltaron las mujeres que se encontraban en su interior fue extraordinario, así como la bronca que nos ganamos.

Cuando acabó la función nos volvimos para Barbate, en el mismo medio que nos habíamos venido: Paquito, su hijo y Juanito Miranda en el buick, y yo en el carro con el borrico.

A la altura de la venta Chicharrón en la carretera general, justo en el desvío para la Muela, sobrepasé al ford pedales que se encontraba parado, apartado de la vía, y al nuevo dueño intentando arrancar el vehículo sin éxito alguno. En muchas ocasiones pasé por ese mismo punto camino de Vejer y el ford pedales seguía estacionado, abandonado y formando parte del paisaje. Paquito agradeció que se frustrara el trato con el gitano, porque de lo contrario estaría maldiciéndolo para el resto de su vida.

Paquito traspasó el negocio de la calera a su hijo Manolo Sánchez y a Juanito Miranda hasta 1949, año en el que el dueño del local, Antonio Soler, se lo vendió a Rosadito que siguió varios años con el negocio. Manolo Sánchez se especializó en las reparaciones de dinamos de un gran número de barcos de Barbate. En cambio, Juanito Miranda se dedicó al negocio de la trapería, a la chatarra, amarras viejas, cartones y materiales usados de la época, pero no le fue bien y se vio obligado a emigrar a Barcelona. En esta misma ciudad vivía su hermano Manolo el Relojero, que coincidió conmigo en la calera ¡Cuánto le gustaba los boniatos a Manolo el Relojero!, no perdonaba un solo día sin que probara bocado.

La Barca Pasaje

A finales de los años 30, cuando llegaba la noticia de que el ganado procedente del Retín y de otros campos de alrededor iba a entrar por el río, una gran audiencia de curiosos acudía a la ribera para no perderse el espectáculo. Y todo porque el procedimiento utilizado para dirigir a los toros, vacas y terneras al matadero no estaba exento de peligro.

Sin camino ni puente que facilitara la comunicación directa con Barbate, la Barca Pasaje constituía una vía de conexión importantísima entre los distintos núcleos de la comarca que permitía el intercambio de mercancías y transporte de personas a uno y otro lado del río. A falta pues de un sendero para transitar, recorrían la playa de Pajares y el Botero, cruzaban el Cañillo por detrás de la Barra aprovechando la bajamar, hasta alcanzar el punto donde se situaba la barcaza a la altura del taller de Diego Barrientos, al otro lado del río.

El trasvase de mercancías se tenía que hacer con la marea vacía para que los animales tuvieran menos dificultad en alcanzar tierra firme. Por la Barca Pasaje pasaban los arrieros con sus bestias cargadas de carbón, leña, harina y otros productos procedentes de la Sierra del Retín, Zahara, La Zarzuela, el Almarchal.

El barquero, de cuyo nombre no me acuerdo, agarraba

la cuerda que enganchaba a ambos márgenes, y a modo de polea hacía posible alcanzar la orilla opuesta. La barcaza tenía una protección perimetral de un metro de altura y dos compuertas, de entrada y salida.

Al toro bravo se le ataba a la barrera perimetral por el pescuezo mediante dos cuerdas, una por delante y otra por detrás, dirigido por cuatro hombres que tiraban de ellas, de esta manera obligaba al animal a que permaneciera inmóvil durante la corta travesía, y también permitía guiarlo hacia el matadero ubicado por entonces enfrente de las conserveras de los Gallardo y los Masones por el Río Viejo.

La multitud invadía los muchos botes encallados en la ribera para poder ver al toro desde el burladero. La algazara de niños y chavales anunciaban el paso del animal hacia el matadero bajo la sujeción de las cuerdas con pulso firme de los cuatro vaqueros.

Pero un día la fiesta acabó en tragedia; a la altura del taller de Manolo Mainez, un muchacho conocido como Pizarro se acercó mucho a la res, ésta cabeceó hacia un lado y con tal mala suerte que le alcanzó una cornada en todo el ojo. El pobre muchacho murió, y con él también mis ganas de seguir presenciando el trasvase de ganado en la Barca Pasaje. Al poco tiempo, tras el incidente, con nueve años me inicié en el mundo laboral con jornales de tres al cuarto que enterraron parte de mi infancia, pero solo una parte.

Los chorros de la Yerbabuena

Para los barbateños de todos los tiempos, la Yerbabuena ha sido, es y será un magnífico espacio natural perpetuado en la memoria colectiva. Dicho lugar reúne elementos que evocan recuerdos y sensaciones entrañables para cualquier barbateño.

¿Quién no ha madrugado para buscar el mejor sitio de la Yerbabuena y ha disfrutado de un día completo de playa junto a familiares, amigos y vecinos, bajo la sombra de una improvisada tienda hecha a base de palos, colchas y cordeles?.

¿Quién no ha atravesado descalzo el angosto roquedo bajo la excitación de sentirse prisionero entre el mar y el acantilado, y ha imaginado la posibilidad de quedarse atrapado por la pleamar en la cueva del Cristo?. ¿Quién no ha respirado hondo en el interior de la cueva obligado por la asfixiante humedad?. ¿A quién no le ha parecido atronador el rugido del mar y ha sentido la paz en el interior de aquella escondida cueva como si estuviera dentro de una caracola?. ¿Quién no ha disfrutado de la bruma espumosa a pie del acantilado?.

¿Quién no se ha dejado picotear los pies por los piojos de la Yerbabuena?, ¿qué niño no los ha metido en una botella de cristal para verlos nadar, ha coleccionado orejitas naranjas o ha atrapado cangrejos en los corrales de piedras?.

¿Quién no se ha aclarado del salitre bajo los caños de

agua que brotaban de la pared?, ¿quién no ha probado ese agua fría y transparente?. Yo conocí los otros usos que se le dieron a los chorros de agua durante mi infancia y juventud: sirvieron para que mujeres lavaran y escamondaran la ropa sucia. Una procesión de mujeres de naturaleza fuerte y dura, portaban canastas de cañas cargadas con ropa vieja en dirección a la Yerbabuena, hincaban sus rodillas en la arena y restregaban y restregaban en las pilas naturales que emergían de debajo de la arena, hasta conseguir una ropa reluciente. Era más fácil transportar la ropa a la Yerbabuena y lavarla con agua corriente que extraer cubos y cubos de agua de cualquier pozo del Zapal. También las vi limpiar lana debajo del agua, la utilizada para rellenar almohadas, cojines y colchones.

Yo acarreaba garrafas con agua para consumo doméstico, porque el agua de la Yerbabuena tenía unas propiedades extraordinarias a diferencia de la obtenida de los pozos del Zapal. Además, la Yerbabuena no solo ha proporcionado agua y sensaciones agradables, sino también sostenimiento económico para muchas familias. Ya conté en mi primer libro mis hazañas en 1946 como buscador de piedras para producir la cal, pero no era el único dedicado a la cosecha de esos materiales, también había muchos niños y adultos rastreando la playa en busca de los pertrechos de las almadrabas. La fuerza del mar conseguía desanudar pequeñas planchas de corcho que se utilizaban a modo de boyas para sujetar el entramado de redes, el oleaje de levante se encargaba de esparcirlos a lo largo de la Yerbabuena, y los barbateños de limpiarla.

Mi mujer narra que siendo niña acompañaba a su abuela

Frasquita a recoger el corcho, y ésta los apilaba dentro de sacos que llevaba sobre su cabeza hasta los hornos de pan, los principales adquisidores. Esta operación podía irse al traste si el corcho era requisado por los guardias del Real de la Almadraba, que estaban muy vigilantes en proteger y recuperar sus bienes, así que los cosecheros del corcho debían sortear El Real atravesando El Pinar para burlar la vigilancia de los guardas almadraberos.

No solo el corcho se colectaba y era confiscado por los guardias del Real, también los apreciados arizanes de esparto, cordeles muy resistentes cotizados por los hortelanos de alrededor. A éstos se los vendíamos a cambio de boniatos.

La Yerbabuena no ha sido solamente una estampa para la recolección y el disfrute, también fue zona de tránsito entre localidades: mi mujer cuenta que con 12 años recorría la distancia que separa Barbate de Roche en compañía de su padre. Después de atravesar la Yerbabuena, desfilaban por la Breña, cruzaban los Caños y Zahora, pasaban por las playas de Conil hasta la Fuente del Gallo y ascendían por los cerros hasta llegar al cortijo donde sus abuelos disponían de algunas tierras para cultivo. La necesidad le obligaba a caminar muchos kilómetros para solicitar ayuda económica y alimentos a los padres de mi suegro, Manuel Rodríguez Morán, hombre formal donde los haya.

Mi suegro, Manuel Rodríguez Morán

Mi suegra, María Miranda Marín

Victoria Rodríguez

Paca La Gabina

Paca la Camiona

El cruce de las tres amigas

Barbate festejaba la primavera adornando el interior de casas particulares con flores y ramajes. Tanto mi tía Paca la Camiona como la Gabina montaban las cruces de mayo en sus viviendas con una esmerada ornamentación para contemplación del público.

Paca la Gabina vivía en la carretera del Faro, en el mismo espacio donde se levanta el Hotel del Carmen, propiedad del Nani. Su madre, Frasquita la Gabina, regentaba una tienda de alimentación en la acera de la tienda de mi tía. La cruz de mayo de la Gabina era digna de ver, casi todo el pueblo introducía la cabeza en el zaguán de su vivienda para apreciarla ya que estaba montada con mucho esmero y devoción. Eran fechas en las que los soldados asentados en los alrededores de Barbate se dejaban ver en bares y cantinas; en el bar de mi tía Paca la Camiona, como ya comenté en mi primera recopilación, se reunían militares de diferente graduación para beber y jugar a las cartas.

Paca la Camiona, Paquita la Gabina y Victoria Rodríguez eran tres vecinas que compartían edad y una buena amistad. Victoria era tía carnal de mi mujer, hermana de mi suegro y madre de mi buen amigo Antonio Rosado. Paquita y Victoria no sólo estaban unidas por su amistad sino que también compartían lazos de sangre puesto que eran primas segunda.

Paquita la Gabina era una mujer muy interesante, educada, culta y muy bien preparada. Además de trabajar en la tienda de comestibles que regentaba su madre Frasquita, colaboraba con el médico don Patricio Castro en la administración de medicamentos inyectables, en vena y en músculo.

El reducido espacio de mi casa en Emilita Luna condicionaba la vida de mi familia, así que mi tía Paca, hermana de mi madre, nos ofrecía cobijo para que viviéramos más desahogados, y yo agradecía mucho su ofrecimiento quedándome a dormir, además del plato de comida que brindaba tanto a mis hermanos Manuel y Lola como a mí.

A las siete de la tarde la casa de mi tía empezaba a recibir visitas de amigas y vecinas, entre las que se encontraba mi tía Juana, hermana de mi madre y una vecina llamada la Carabinera. Por lo menos diez mujeres buscaban acomodo en las raquíticas sillas y banquitos de corcho a la vez que mi tía se dirigía con parsimonia a un mueble de su habitación, abría un cajón y sacaba un libro de más de 1500 páginas cuyo peso perfectamente podía alcanzar los cuatro kilos. Con sus huesudas manos abría el ejemplar por la página que había interrumpido la lectura del día anterior. Aquel momento constituía un ritual propio de una logia masónica, por lo mágico y misterioso que me parecía; mi tía se fundía en el texto entonando e interpretando los diálogos con pasión bajo la atenta escucha de las mujeres. Nadie interrumpía, salvo para encender una vela o un quinqué ya que la habitación se iba oscureciendo con la llegada de la noche. A falta de una radio u otros entretenimientos, el libro de mi tía enriquecía la vida de aquellas zapaleñas que por unas horas se alejaban de la cruda realidad del Zapal.

Agradezco el asilo que me ofreció mi tía hasta que cumplí los once años, etapa en la que ya trabajaba.

La ruta de las ventas

Bajo el mando de Ambrosio Dávila desde 1952 a 1957 debuté en el trabajo en la lonja y saladeros, manteniendo una relación con mi jefe más allá de la estrictamente laboral y formal. Ambrosio Dávila, de la misma manera que era duro en soltar la guita, también era muy dado a promover salidas y encuentros entretenidos en horario de trabajo y fuera del mismo.

La flota pesquera no volvía a puerto para descargar hasta las seis o siete de de la tarde, y en el espacio de tiempo que iba desde el almuerzo hasta la aparición de los primeros barcos Ambrosio proponía tomar café fuera de Barbate, concretamente en algunas de las ventas que podías encontrar desde la salida del pueblo hasta la Barca de Vejer.

Ambrosio Dávila se trasladaba en lambretta, modelo rival de la otra italiana vespa, ambas muy funcionales que permitían mucha autonomía y libertad de aquí para allá. Era tanta la movilidad y las prestaciones de aquellas scooter que permitían la circulación de hasta tres personas subidas, gracias al tamaño de su carrocería.

En una tarde de espera de barcos y camiones, Ambrosio nos invitó a tomar el delicioso café de la venta de Perulito pasada la Oliva, tienda donde también se cataba los toninos en aliño. Los pasajeros éramos Ambrosio, el Pimo y yo.

Antes de llegar a Perulito se pasaba por otras cuatro ventas que ya no existen: bajando la cuesta de los Treinta Poyetes en dirección a Cádiz, en el lado derecho se rebasaba la Venta de Pedro Miguel. A la altura de los Veteranos por el lado izquierdo de la carretera tropezabas con la Rambla. La clientela del Ventorrillo Mota apreciaba mucho el arroz con pollo. La cuarta venta se descubría en la misma Oliva, que se ponía a rebosar con ocasión de la populosa romería del siete de mayo.

La venta de Perulito se hallaba pasada la Oliva; era una venta muy bien arreglada de la que todavía permanecen sus paredes aunque sin techo.

En la misma Barca de Vejer se encontraban las ventas de Infantes y Pinto, y a un kilómetro de éstas hacia Algeciras se localiza el Ventorrillo de Benitez, lugar del que he contado alguna experiencia en mi primer libro.

En dirección a Algeciras y próximo al cruce de Zahara estaban la venta Duarte y la venta el Tejonero. Recuerdo que un día de poca actividad en la Lonja Vieja, mis compañeros el Mudo, Andrés Borrego y yo decidimos alquilar un taxi para degustar en la venta el Tejonero un pollo con arroz, y de postre un cafelito acompañado de un nutritivo *candié* de dos yemas. ¡Vaya la fuerza que nos proporcionó aquel reconstituyente y cómo la risa floja se nos salía por las orejas!

Un cachalote pero que muy gitano

Recién incorporado en el saladero de Troyano hacia 1957, encalló una ballena en la playa del Carmen enfrente de las antiguas duchas, lugar ocupado por casetas de madera.

El cachalote en cuestión pesaba una tonelada y fue troceado en ocho trozos por una sierra que manipulaba la cuadrilla de Troyano, de la que no formé parte por llevar pocos días en su empresa. En el saladero despellejaron los pedazos del cetáceo y la carne sobrante la metieron en cajas pequeñas con destino a Madrid, en los mismos camiones que transportaban boquerones hacia la capital.

El saladero lo regentaban José Troyano, su hermano el Moreno y un tal Balilla y cuando éstos recibieron el dinero extra por la venta del cachalote, decidieron invertirlo en un banquete con juerga incluida. Encargaron tres pollos en la venta Infantes de la Barca de Vejer con cantaores y guitarreros incluidos, todos gitanos.

El cante dio comienzo nada más entrar los doce asistentes entre anfitriones e invitados mientras esperaban el plato de la casa con una copa de vino en sus manos. Cuando sirvieron el plato de pollo guisado, todos estaban dispuestos en torno a la mesa. Entre los comensales se encontraba un mudo llamado Moral Seda, a su izquierda Paco Manduca, y a su derecha uno que le decían el Pimo. Éste animaba al mudo a que tocara las palmas al son de las guitarras, daba igual que no oyera ya que su intención era distraerlo mientras Manduca le birlaba los trozos de carne del plato. El pobre mudo palmeaba y palmeaba muy animado bajo los efectos euforizantes del vino y no se percataba de que el pollo volaba hacia la boca de Manduca. La cara del mudo se le descompuso cuando bajó la mirada hacia su plato y solo quedaba la salsa. ¡Vaya pollo que se formó!, y no me refiero al de los platos, sino al cabreo del mudo porque no probó bocado. Tuvieron que ponerle un plato de patatas fritas con dos huevos porque no estaba dispuesto a salir de allí solo con palmas y guitarras. Como dije al principio, ni participé en el matarife ni tampoco en el festín, sin embargo, la anécdota quedó en el histórico del saladero como una más de entre muchas.

Detrás de mí, de izquierda a derecha: Manuel el Morito, Antonio Ruiz vendedor de pescados de Sevilla, Joaquín transportista de San Fernando y Ambrosio Dávila. Foto que se tomó el día del desafortunado encuentro en alpargatas (leer Juan Rossi, un paseo por

Con compañeros de la lonja junto a Troyano en en el centro. Mi compañero y amigo El Mudo, el de la boina, al lado de Troyano

Los chispitos de la Barra

Los chispitos eran balizas marinas que servían como puntos de referencia para los timoneles de las embarcaciones. Una luz parpadeante mantenida por bombonas señalaba la zona más próxima a tierra. Desde 1958, durante un corto periodo de tiempo, mis compañeros Andrés Borrego, Joseíllo y yo nos encargábamos del transporte de estas bombonas desde el Faro Antiguo hasta los tres puntos de demarcación que el farero había establecido como límite de seguridad para que las embarcaciones no encallaran. Estos chispitos emergían en la zona de la Barra, el Cañillo por detrás de la Barra, y en el espigón de la futura primera punta.

Con un carro y un borrico, ambos alquilados, transportábamos las pesadas botellas de casi un metro de longitud a los lugares indicados, para que el farista procediera a su sustitución. El antiguo farista don Fernando que conocí en mi infancia, ya había fallecido años atrás y el puesto lo ocupó un nuevo farista cuyo nombre no se me viene a la luz.

Los chispitos se alojaban en una estructura de hierro asentada en un pilar de hormigón que alcanzábamos gracias a un bote y a las piedras que emergían desde su base. Esta operación la hacíamos en la bajamar para apoyarnos sobre la base firme de las rocas y así poder fijar con menos dificultad las bombonas a la estructura de hierro, después el farero procedía a la conexión de la botella con el chispito.

El chispito de el Cañillo se hacía por tierra ya que esta zona arenosa emergía con la marea vacía, y constituía la vía de comunicación con Zahara y pedanías aledañas; me parece haber visto todavía aquel chispito en pie.

Esta colaboración con el farista nos ocupó algo más de un año, ganando 200 pesetas a repartir entre tres por cada operación. No me olvidaré de un 18 de julio de finales de los 50 que nos embolsamos unos cuartos muy oportunos para poder gastar en feria.

Ñajhaa¡ decía el *Mudo*

Con mi amigo y compañero Antonio Moral Seda logré un grado de comunicación que otros no conseguían. No lo confundáis con Chan, otro compañero mudo que hablaba como los indios del que ya conté su experiencia como marinero en el libro anterior. Por contra, Antonio no soltaba palabra alguna, emitía sonidos acompañados de gestos que yo lograba interpretar a la perfección.

Compañero mío desde que empezamos en el saladero de Troyano, con él he compartido muchas días de trabajo y muchas situaciones divertidas, pero lo que más me asombraba era su inteligencia y su percepción del mundo. Una noche de agosto a la una de la madrugada, los seis lavadores de Troyano reposábamos apoyados en la pared de enfrente de la Lonja Vieja a la espera de un camión pendiente de estibar. La quietud nocturna solo era interrumpida por el crujido de la madera de los barcos y el chirrido de las amarras y alguna que otra estridente y fortuita ventosidad. De pronto el Mudo articuló su sonido polisémico *Ñajhaa*, y yo que conectaba a la perfección con él lo entendí a la primera: nos avisaba de que el camión estaba a menos de un kilómetro de la Lonja, y sorprendentemente lo vimos doblar la curva del Pósito Pescador en apenas tres minutos. La falta del oído se compensaba con otros sentidos: percibió las vibraciones del terreno bajo sus pies como premonición de la llegada del camión.

Una de sus pasiones era el cine western, igual que yo. Cuando se enteraba de alguna película de este género en el cine Malia, emitía el *Ñajhaa*, y a continuación hacía el gesto de pistolero, metiéndose las manos en los bolsillos, se las sacaba al instante con los índices y pulgares levantados como si fuera a desenfundar una pistola para pegar tiros. Sin embargo, le precedía su fama de refunfuñón y gruñón, y más adelante os contaré alguna de sus salidas.

La feria de Vejer

Corría el 15 de agosto de 1954 cuando mi amigo Antonio Soler y yo, presos del aburrimiento y esclavos de la diversión decidimos visitar la feria de Vejer. Había transcurrido 16 años desde la segregación de la Barbate con esta villa madre, convertida ahora en hermana mayor, y a punto estaba nuestro pueblo de cumplir su mayoría de edad, y sin embargo, los jóvenes que aún no la habían alcanzado y también los que la superábamos en pocos años, mirábamos desde la costa a aquel entramado de casas blancas y cuestas estrechas con respeto y algo de envidia, porque dejando a un lado las rivalidades vecinales su feria de agosto constituía un acontecimiento muy sonado por toda la comarca de la Janda y nadie estaba dispuesto a perdérsela por nada del mundo.

Desde el Cerro de las Maldades el martilleo de la canción del verano llegaba a nuestros oídos causando un efecto hipnótico; sonaba *Bayón del Gato Bayón*. Aquella musiquilla pegadiza avivó nuestras ganas de subir al cerro y en dos horas, desde la siete a nueve de la noche anduvimos por la maltrecha carretera de Barbate hasta Vejer por San Miguel hasta coronar la Corredera, punto de encuentro de visitantes, feriantes y turroneros.

Nuestra incursión duró hasta las tres de la madrugada entre casetas, bares, tómbolas y tiros. Nos despedimos de Vejer con alguna copita de más y el cuerpo algo trillado por los excesos, y aunque el camino de vuelta prometía ser más liviano por ser cuesta abajo no dudamos en alquilar un taxi para que nos condujera a nuestro punto de partida. A mi amigo Antonio Soler todavía me lo encuentro por la calle, apoyado en su bastón y bastante torpe en el paso; como dice el dicho popular *los años no pasan en balde.*

En años sucesivos repetimos experiencia; la de 1957 fue muy divertida porque en aquella ocasión subimos tres en moto vespa: el conductor Antonio Varo, el que fuera hijo de ex-alcalde Agustín Varo, mi compañero Andrés Borrego y yo. Antonio Varo disponía de un saladero en la Lonja Vieja al que acudíamos regularmente Borrego y yo para recomponer cajas viejas de pescado.

Las vespas desde su aparición en los años 50, inundaron las primitivas calles de Barbate y no era infrecuente ver a más de dos personas cabalgando en ellas. Eran otros tiempos, nadie se metía con nadie y por supuesto, no multaban por exceder el número de pasajeros.

Culminar la villa de Vejer en moto con tres pasajeros a bordo podría ser una proeza, pero descender la cuesta constituía toda una temeridad. La feria de Vejer en los años 50 aún conservaba la esencia original de las ferias de ganado ya que figuraban muchos tratantes para mostrar, vender y comprar cabezas de rumiantes.

El ciclo de la Almadraba

Antes de que se construyera el puerto, el muelle de atraque y la lonja, cuando la Barra y el Tajo se tocaban por una orilla virgen, únicamente interrumpida por los barcos encallados en tierra, la ensenada de Barbate deslumbraba como el paraíso perdido que conservo en mi memoria.

De niño me asomaba al lugar donde encallaban las barcazas de la almadraba a contemplar los preparativos. En el transcurso de un mes cargaban las anclas distribuidas en el llano del actual recinto ferial; eran transportadas una a una entre al menos veinte hombres, hasta las barcazas varadas en la orilla sin más equipos ni herramientas que la fuerza de sus brazos. Las anclas se depositaban en las naves con la ayuda de dos palos largos y resistentes colocados por debajo a modo de paso de semana santa y así se elevaban hasta nivel de cubierta. A partir de la construcción del muelle, el acceso de tractores al mismo filo amortiguó en parte la penosa tarea del transporte y elevación de las anclas.

El proceso de calar la almadraba continuaba con el lanzamiento de anclas al mar para delimitar el copo; amarraban tres o cuatro planchas de corchos a cada una mediante arizanes, un cordel muy resistente, reproduciendo un ciclo de trabajo que les ocupaba varios días.

Al finalizar la almadraba, las anclas se impregnaban de alquitrán para protegerlas de la sal y la intemperie, así como los arizanes y artes tratados de igual manera en el tintadero del Real de la Almadraba.

La feria barbateña

Durante los años 40, la feria se instalaba en la avenida de José Antonio, cuando el cine Avenida aún no estaba construido. Barbate crecía y crecía con nuevas construcciones de edificios de utilidad pública y viviendas, muchas viviendas.

A los 14 años, los cinco amigos: Antonio Soler, Antonio Rosado, mi primo Paco Soler, mi hermano Manuel Rossi y yo exprimíamos a tope todo lo que la feria ofrecía. El precio de las pocas atracciones era asequible a los bolsillos de los barbateños. Compartíamos botella de vino sentados alrededor de una mesa en alguna de las tiendas repartidas por el paseo oficial, al precio de ocho gordas por cabeza que hacía un total de cuatro pesetas. Tampoco faltaban ganas para degustar el turrón desmoronado a dos reales el papelón, y por supuesto no nos perdíamos ningún partido de fútbol del Barbate contra el Vejer o el Conil.

Con 18 años disfrutaba como el que más durante los cuatro días que duraban los festejos. El paseo fluvial de la imagen de la Virgen del Carmen era un acto que despertaba muchas emociones, mucho más que ahora, y la prueba de ello era la multitud de botes y barquillas arremolinadas en torno a la imagen. Como he dicho en tantas ocasiones, la pleamar imponía el horario de la procesión marítima, así un año coincidía en horas nocturnas y otro en las diurnas.

Las regatas de bote se celebraban en dos días y constituían otro espectáculo memorable, lo mismo que los saltos de los zagales desde lo alto del edificio de la lonja a una altura de siete metros. Yo desde que sufrí el naufragio en la Barra con catorce años, nunca logré bañarme ni en el río ni en la playa.

En aquellos años, la feria del Carmen colonizaba los corazones, el ánimo y el pensamiento de los barbateños, con infinitas ganas de acabar el tajo para poder ataviarse con una camisa nueva, el pantalón reservado para las ocasiones especiales, y con suerte estrenar unos flamantes zapatos. Era una emoción difícil de explicar, semejante a la de un niño con su juguete nuevo. Cuatro días de feria daba para mucho, sobre todo para buscar a la niña que le habías echado el ojo y subirla al carrusel con la excusa de entablar una relación. Por un tiempo el carrusel y los *caballitos* fueron instalados en el lugar que ocupa el taller de León, donde trabajó mi yerno Juan López.

La feria constituía un momento único e irrepetible capaz de despertar una excitación incomparable con otros eventos sociales. Diversión, alegría y ganas de pasarlo bien a lo largo y ancho de la antigua Avenida de José Antonio.

Yo salía "poco chincho" de mi casa con mi mejor vestimenta, reservada para las escasas ocasiones de lucimiento junto a mis amigos, Antonio Soler y Antonio Rosado, y alguna vez con Antonio Dávila, hermano de Ambrosio Dávila, nos juntábamos en el antiguo bar de Joselón.

En 1955 la feria se asentó a lo largo de la antigua Avenida del Generalísimo, desde la actual estación de

Comes hasta la Comandancia de Marina. En ese año llegaron los coches choques que lo fijaron por detrás del ayuntamiento. Dicha atracción causó estragos en la juventud barbateña; nadie quería perderse ni un solo viaje, a duro cada uno y a cinco los seis viajes. Había algunos que no llegaban a bajarse en toda la noche, porque una mayoría de barbateños se permitía el lujo de gastar sin sufrir penalidades posteriores. El pueblo de Barbate en los años 50 disfrutaba de una economía floreciente gracias a la captura de sardinas.

Tampoco a mí me faltó el trabajo en la Lonja Vieja, ni siquiera en días de fiesta. Una noche de feria, cuando aún no habíamos dado de mano porque esperábamos unos camiones para estibar, los lavadores nos organizamos para que alguno pudiera visitar la feria; los afortunados nos fuimos directos a los coches eléctricos con la ropa del trabajo. Había una pandilla de muchachas conocidas, y me dirigí a una de ellas para que me acompañara en un viaje. Al ver mi aspecto desaliñado declinó mi oferta y le dije *bueno, si no quieres subir no te subas* y proseguí mi viaje con un volantazo desairado para estrellarme con otro coche. Aquella jovencita de entonces es actualmente mi señora.

En 1956 formalicé el noviazgo con ella y empezamos a salir juntos en compañía de otras parejas y amigas. Aquel año no hubo ni un solo día de feria que no saliéramos con mi cuñado Pedro y su novia Dolores.

Un puesto de bocadillos de jamón hizo su agosto en pleno mes de julio; situado en la acera del antiguo edificio del Instituto Social de la Marina y antigua clínica, vendía el bocadillo a duro y nos parecía un bocado exquisito mientras hacíamos el paseo por la despejada avenida del Generalísimo.

En la festividad del Carmen era costumbre que los barbateños suspendieran el baño y el día de playa para ataviarse con el mejor traje y participar de procesiones y demás fastos religiosos.

Una noche de feria de 1957, nos juntamos Andrés Borrego, el Mudo y yo con la intención de subirnos a algún cacharrito y entregarnos a la diversión. La zona que ocupa actualmente la oficina de la Caixa hasta la antigua delegación de la ONCE, incluida la plaza de Abastos fue despejada de pinos para que albergase el recinto ferial. Estos dos amigos y yo nos subimos al látigo, y el Mudo, tan refunfuñón y susceptible como siempre, acabó discutiendo con el encargado de la atracción. El cabreo de el Mudo no le duró mucho ya que pudo desfogarse en el tren de los escobazos; arrebató una escoba y se ensañó con el que a priori tenía que pegar los escobazos.

A partir de 1976 el recorrido de la feria se proyectó a lo largo de la antigua avenida de la Victoria y los cacharros se colocaron junto al cuartel de la Guardia Civil. Mis hijos eran quienes disfrutaron más de esta nueva ubicación, y al contrario que en mis años de juventud, la feria se me hacía bastante insufrible porque el ruido de las atracciones se colaba por las ventanas de mi casa interfiriendo en mi descanso nocturno.

No fueron pocas las ocasiones en las que yo interrumpía la feria a causa del trabajo; ya estaba acostumbrado a que fueran a buscarme a mi casa, como en 1974 en la que el encargado de la fábrica de nieves, Robles, nos encargó que cargáramos 175 toneladas de hielo en la bodega del barco la Graña. Acudimos cuatro de la Colla desde las cuatro de la tarde hasta las diez de la noche. Mereció la pena por lo que ganamos 3.300 pesetas, que no vino nada mal para gastarlas en la feria con mi familia.

En los años 80, el descampado del Zapal acogió el recinto ferial. Actualmente la feria se asienta entre el Real de la Almadraba y la Punta del Corral: unos 850 pasos de los míos.

Higüela abajo, tras los pasos de Juan Rossi

Días de feria a mediados de los 50

Golpes no precisamente de suerte

Era duro trabajar en la calera; en 1950 ya había recorrido de punta a punta la playa de la Yerbabuena en busca de piedras de todos los tamaños que machacaba hasta convertirlas en ripios. Las grandes se colocaban en el centro del local y los fragmentos pequeños se repartían por el perímetro interno para que no estorbaran.

Perico, el hijo de Rosadito y dueño de la calera, era mi compañero. Una mañana mientras él trituraba las piedras con la ayuda de un porrino yo recogía los ripios y los echaba en una espuerta, con la mala suerte de que me aproximé tanto a su porrino que éste acertó en un dedo de mi mano. ¡¡¡¡*Santo dios de la verdad, Cristo Resucitado y Virgen María Santísima de la Caridad!!!*, por no largar improperios y blasfemar a grito *pelao* de toda la casta generación de Perico. *¡Cuánto dolor, qué tortura más grande, cuánta sangre largué por ese dedo!* La uña del anular izquierdo se me abrió en dos, más parecido a un *chupachúps de Kojak*. Perico soltó el porrino para auxiliarme aunque no encontraba palabras de consuelo, sólo para decirme que acudiéramos a la consulta del galeno don Patricio Castro ubicada enfrente del cine Avenida.

Don Patricio Castro y el practicante don Justo tenían sus propias consultas aunque trabajaban conjuntamente. En cuanto hizo la primera valoración de la lesión, don Patricio no se fue por las ramas y ordenó a don Justo la extracción de la uña en caliente. ¿qué significa extraer en caliente?, pues que no se molestó en ponerme anestesia, prendió con fuerza la uña con unas pinzas y antes de que exclamara *¡¿por dios qué va a hacer usted!?, ¡¡¡¡zasss!!!*, don Justo -que de justo no tenía nada en ese momento-arrancó de cuajo la uña y buena parte de mi conciencia. *¡Ay, omaíta mía, ay, ay, ay! ¿qué he hecho yo para merecer esto?*, me repetía. Las lágrimas de dolor y calvario inundaban mis ojos, perturbado, mareado y vapuleado física y moralmente.

Todavía me pregunto, ¿donde estaba la anestesia que no me pusieron?, ¿en el carro de cura o simplemente no disponían de ella?. Don Justo presumía de su magnífico vendaje, eso sí, no se lo niego, pero hijo: ¡haber presumido de anestesia!. Si antes mi dedo era un *chupachups* ahora se parecía al del marciano ET, aún así regresé a los hornos de la calera todavía con mucha aflicción. Ni pude ausentarme del trabajo porque era el único conocedor de la necesaria proporción de carbón para que el horno echara a arder.

De aquel accidente laboral conservo un dedo más ancho que los compañeros y una uña tan frágil que ya nace rajada, ¡toda una reliquia!

Han sido innumerables las puntillas que me he clavado en las manos y en los pies porque atravesaban las alpargatas que calzaba. En el año 1954, Galleta de apellido Rossi como yo, me pagaba un real por cada caja vieja que apañaba en periodos de escasa pesca. Así que para obtener cinco duros tenía que arreglar cien cajas. Cuando las puntillas se hincaban en mis dedos me acordaba de toda mi casta y generación al completo y de alguno que otro suelto. En estos casos me golpeaba con un barrote para que aumentara el sangrado, y después me untaba el dedo con aceite caliente para prevenir la infección.

Transcurría los años 60, cuando en una ocasión llegó un camión cargado de cajas con calamares que pesaban en torno a cincuenta kilos cada caja. Al bajar una del camión me resbalé y un fortuito movimiento me lastimó el costado izquierdo originándome un dolor agudo en el pecho que me entrecortaba la respiración. Don Francisco Valencia, el médico del seguro de accidentes, me recetó unas inyecciones que no aliviaron para nada el dolor. Viendo que no remitía, se me ocurrió ponerme un parche poroso en el costado.

El parche estuvo pegado a mi piel y al noveno día aquello empezó a destilar. El exudado rezumaba por debajo del parche y mojaba toda mi barriga hasta la ingle, pero a pesar del picor lo mantuve intacto hasta un mes. Cuando retiré aquel emplasto descubrí un empedrado rectangular levantándose una descomunal ampolla que escocía y picaba insoportablemente, pero dando gracias porque el dolor original había desaparecido. Estos parches porosos ya no los hay, aunque existen otros para otros usos como los parches de nicotina y/o los de nitroglicerina que todavía me pongo.

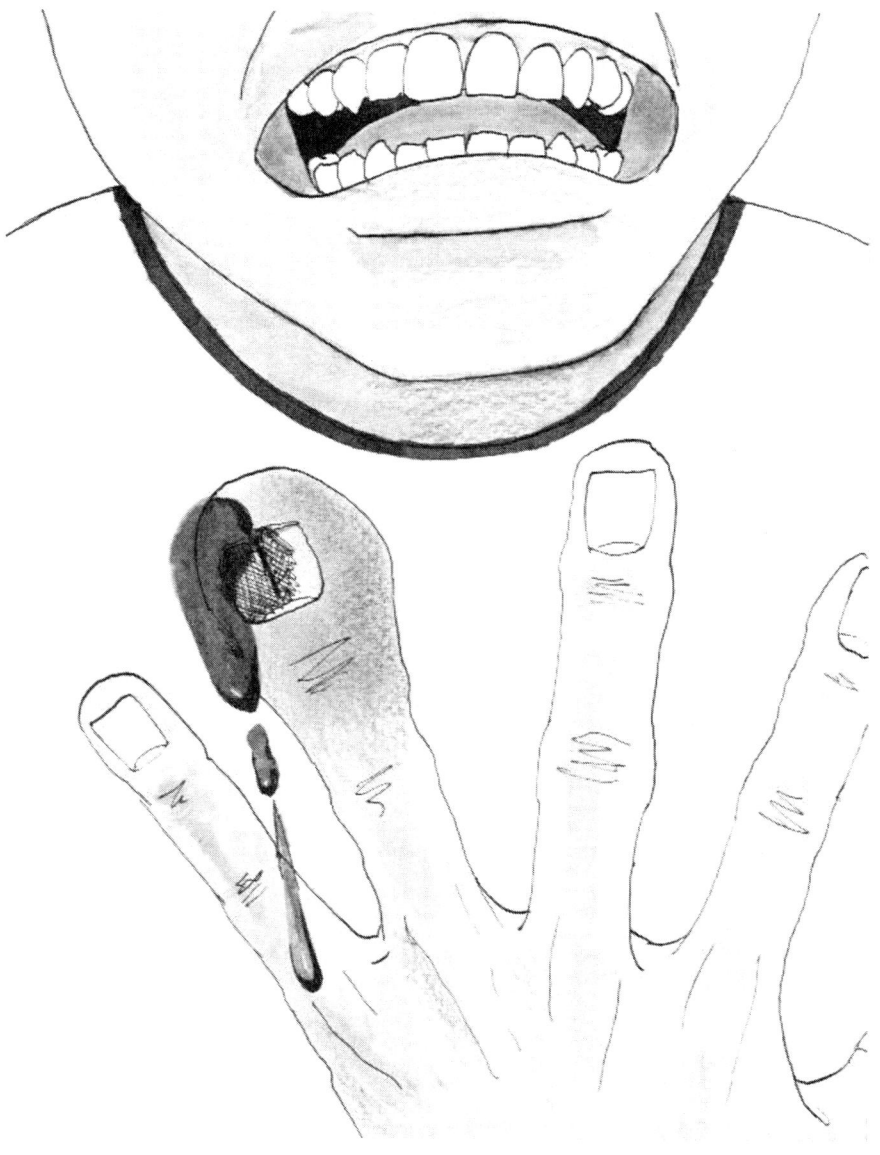

Mientras espero a mi novia

Mi mujer y su familia habitaban en una de las mejores viviendas construidas en el Zapal. Se asentaba por la parte alta de la actual calle José Monge, próxima los pozos de la Frijona, Elvira y Herminia. Levantada con maderas, latas y techos con rollos de carbón piedra, vivían tranquilos de cualquier recalo que pudiera provocar el agua de lluvia. Se componía de tres casetas: una donde se alojaba la familia de mi mujer, en la segunda habitaba su abuela Frasquita, su hija Antonia y resto de hermanos, y la tercera caseta donde se instalaba una cocina compartida.

Disponía de un gran patio y en medio, un árbol que proporcionaba una espléndida sombra para el verano. Allí se juntaban mi señora, su madre, su padre, sus tres hermanos, su abuela Frasquita, su tía Antonia y resto de tíos. No he conocido persona más bondadosa que su abuela Frasquita.

Mi mujer y su tía Antonia se diferenciaban en dos años y ambas aprendieron a escribir en la miga de mi tía Ana Rossi, aunque mi mujer continuó aprendiendo algunos años más con Perico el del Compás. Se inició en el mundo laboral a la edad de 12 años en la fábrica de Aniceto Ramírez Rey. Tenía que esconderse entre sus compañeras algo más mayores cuando el dueño de la conservera se asomaba por las instalaciones porque no quería mujeres tan jóvenes entre sus operarias.

Enfrente de su vivienda paraba la Mirla, casada con Manuel Chamorro, administrador de una pequeña tasca que no tenía ni mostrador. Cuando pretendía a mi señora me apalancaba en la tasca de Chamorro y me tomaba dos vasitos de vino hasta que ella salía. Cuando consolidé el noviazgo obtuve la aprobación de sus padres para entrar en su casa, no obstante ya de recogida, caía una copita más, esta vez de aguardiente, en la tienda de Diego el Alcalde, ubicada un poco más abajo.

Mi mujer en la puerta de su casa del Zapal

La abuela de mi mujer con su hermano Pedro Marín

Antonia y Antonio tíos de mi mujer y su abuela Frasquita

El caso de la Linda Bellilla y su pilla madre

Mi primo Paco Soler, más conocido como Paquito el de la Camiona, me supera quince días en edad. Su padre, Francisco Soler hermano del Cojo Soler, se dedicaba al negocio y crianza de cochinos; murió muy joven, en 1939.

Mi primo heredó de su madre el carácter emprendedor y la ayudaba en el establecimiento de bebidas, hasta que a principios de los 50 le compró la tienda a la Gabina y montó su propio despacho de comestibles.

A finales de los 50 la diosa fortuna llamó a su puerta y ganó un premio de veinte mil duros en la lotería. No dudó en ampliar el negocio y montar su vivienda en el inmueble cuyo propietario era Manolo Cid, y que escasos años atrás ya se utilizó como bar-salón a manos de Antonio Soler, hijo del Cojo Soler y primo hermano de Paco. El local de Antonio Soler cosechó tanto éxito a causa de la participación nocturna de músicos de la orquesta de Sabal, que todavía oigo los compases de los pasodobles y éxitos del momento.

La tienda de Paquito el de la Camiona daba mucho avío a los vecinos de la carretera del Faro y Zapal, por lo general a gente muy humilde. Mi primo Paco arriesgaba mucho, porque el dinero lo tenía repartido en la calle en vez de en su caja registradora debido a los innumerables débitos que sus vecinos contraían, casi todo lo dejaba fiado; más que un negocio parecía un banco de alimentos. Siempre ha tenido buen corazón, y por lástima o compasión ha alimentado a muchas criaturitas que bien poco tenían.

Ni un solo cliente ha conocido una negativa de mi primo Paco cuando han pedido algo prestado, *tú me lo pagas cuando tengas dinero*, con esta respuesta afrontaba situaciones comprometidas. A pesar de la confianza que mi primo depositaba en sus clientes, hubo muchos que nunca saldaron sus deudas.

Pero a pesar de todo no le iba mal, le salvaba los costos de los barcos. Al menos once barcos de Barbate figuraban en la cartera de fieles consumidores que reportaban ingresos seguros. Yo le ayudaba casi todos los domingos a conformar los pedidos, y pude comprobar que el negocio de mi primo no marchaba del todo mal.

Algunos temporeros de Isla Cristina empleados en la Almadraba eran clientes habituales de el de la Camiona. Conocí a una higuereña, tan entrampada con mi primo que nunca llegó a saldar las deudas con él, de la que guardo una anécdota que provocó un ataque de risa descomunal a mi primo y a mí. Todos los años venía con su marido y su hija Bellilla, una linda jovencita muy atrevida y descarada, herencia recibida de su desparpajada madre. En una de las idas y venidas regulares de estos higuereños, mi primo echó en falta a Bellilla ya que su madre se presentaba sola en la tienda, y le preguntó: *¿y la Bellilla?, ¿no ha venido este año?*, y salta la mujer con deje higuereño: *no ha venido porque le ha salido el marido cabrón*. ¡Que pechá de reir nos dimos mi primo y yo! Nos podemos imaginar los desmanes de la Bellilla en

Isla Cristina anunciados por los exabruptos de su madre.

El periodo de la almadraba de aquel año acabó y la señora se fue a la Higuerita sin que mi primo viera un solo duro; aprendió la triquiñuela de demorar el pago desde mayo hasta julio, y la sinvergüenza de la señora le dejó un impago de quince mil pesetas. Ya no volvió más a Barbate, ni supimos más de ella, ni tampoco de la hermosa Bellilla, ni de su cabrón marido.

Una camisa de seda blanca con rayas negras muy finas

Andaba ocupado en la Lonja Vieja cuando se presentó un gitano vendiendo telas de seda para la confección de camisas, llevando algunas de muestra para que se viera el resultado final. Eran tan bonitas que no me pude resistir a comprar un retazo blanco con rayas muy finas en negras, a la vez que imaginaba cuánto iba a presumir el día del estreno.

Me tomó medidas la Bolico, operaria del Consorcio además de modista en su tiempo libre. La tela me costó doce duros, además del trabajo de confección que ahora mismo no recuerdo su cuantía.

A principios de septiembre del 1955, la feria de Conil ya estaba al caer. Carmelo de la Rosa, delegado de fiestas del ayuntamiento de Barbate caldeaba a Ambrosio Dávila, mi jefe en el saladero, para que fueran a la feria en la camioneta ford de éste, en compañía de otras amigas. Ambrosio se acordó de mí y me invitó como en otras ocasiones. No dudé dos veces, era una oportunidad para estrenar mi camisa de seda de color blanco con rayas negras muy finas. En casa, aquella tarde parecía que me vestía de luces, y no paraba de mirarme al espejo, ataviado con mi prenda de brillo.

No faltó la animación en la camioneta de Ambrosio Dávila, ni tampoco el aire que pegaba fuerte en su parte trasera. Llegamos a Conil ya avanzada la tarde, la camioneta aparcó en un descampado próximo a la feria, y cuando pegué el salto desde lo alto del cajón para poner los pies a tierra, noté que mi camisa de seda de color blanco con rayas negras muy finas se desgarraba por detrás desde el hombro hasta abajo. No daba crédito, mi camisa preciosa aún no había cosechado el éxito que prometía y ya estaba condenada a harapo. Vaya chasco, vaya decepción y vaya lo que maldije al gitano. No lograba salir de la retahíla mental que golpeaba mi cabeza a ritmo de compás: *el gitano m'a engañao, el gitano m'a engañao, el gitano m'a engañao!*.

Pedí el favor al grupo de amigos que no mencionara la feria, ni lo bien que lo iban a pasar, así que me vine de Conil hasta la Casa de Postas andando, muy cabreado y con las espaldas al aire. Tuve la suerte de que pasó Manolito, conductor de la calesa cuyo propietario era José Malia el del Vino, comerciante de licores y vinos, y al que tantas huevas de atún le colmaba en su vehículo, como ya conté en mi primer libro. ¡Vamos, motivos para que me trajera no le faltaban, eah!, con el cabreo que llevaba encima, como para que se hubiera negado a llevarme.

Por entonces aún no salía con mi mujer. Ligada al pueblo de Conil porque su familia era de allí, cuando le contaba esta anécdota se echaba a reír, yo también, pero por no llorar.

El quiosco de Sebastián el de la Parada

Sebastián servía un exquisito café de maquinilla en su pequeño kiosco junto al taller de Barrientos camino de la Lonja Vieja. Para despabilarnos a primera hora de la mañana, casi todo el personal de la Lonja acudía a su cantina para degustar su aromático café. Tampoco me perdía el de la tarde, porque repito, estaba pero que muy bueno.

En verano, nos sentábamos a la sombra, en la pared de enfrente con cerveza en mano y una tapita de anchoas. Yo le proveía a Sebastián de morcillas de Conil, que a su vez me la proporcionaba un primo de mi señora llamado Juan Corona. Debo decir que yo no ganaba nada de comisión en esta operación, solo ejercía de simple intermediario. También le abastecía de manteca *colorá* de Conil, -quien la haya probado sabe que no tiene parangón alguno- a él y a la tienda de comestibles de mi primo Paco la Camiona. Tanto la morcilla como la *manteca colorá* eran muy apreciadas por los asiduos de Sebastián. Al cabo de un tiempo, le dije al primo de mi mujer que dejara de proveerme de estos productos, y así se lo comuniqué a Sebastián y a mi primo.

Cuando el personal de la Lonja Vieja se trasladó a los nuevos saladeros del Puerto de la Albufera en 1968, Sebastián trasladó y amplió su negocio a la avenida del Puerto, muy cerca del Antiguo Faro. Todo el equipo de lavadores y personal de la colla siguió fiel a su café y a la copita en las horas muertas.

Mi compañero el Mudo, Antonio Moral Seda, además tenía la costumbre de comerse dos huevos pasados por agua en la tienda de Sebastián. Éste ya le tenía pillada la hora y no hacía falta mediar ningún gesto, ni por supuesto palabra; el Mudo se situaba en medio del mostrador de pie, Sebastián le servía los dos huevos en un pequeño plato, el Mudo cogía un huevo con tres dedos, lo cascaba, se desprendía de la cascara y en dos o tres bocados lo engullía, y vuelta a empezar con el segundo. Los dos huevos de el Mudo constituía un momento de relajación única para éste, en medio de una jornada intensa de trabajo.

Una día de muchos, dos compañeros con ganas de guasa coincidieron con el Mudo en el kiosco de Sebastián, colocándose ambos en los extremos de la barra. Uno con ganas de incordiar, lanzó la servilleta utilizada para limpiar el mostrador al compañero desde una punta, rozándole la cara al Mudo mientras masticaba su exquisito bocado. El que recibió la servilleta empezó a reírse de manera insultante, y el Mudo se percató del gesto; todo el mundo conocía el mal genio de éste pero nadie sabía de lo que era capaz de hacer, y no tuvo otra idea que dirigirse a una caja de serrín situada en un rincón, la levantó y se la estampó de sombrero al de la carcajada. Vaya espectáculo que se formó. Con la cabeza y la cara empolvada, casi se asfixia por el polvillo que tragó. A partir de ese día, la hora de los huevos duros fue respetada por los presentes en el bar de Sebastián, y a nadie se le ocurrió hacer ningún gesto que fuera malinterpretado por él, ¡y lo que dieron que hablar los dos huevos de el Mudo!

Aquellos improvisados campos de fútbol

Donde ahora se ubica el Polígono Industrial, en 1942 ó 1943 se extendía un terreno precioso repleto de acebuches que se llamaba el Olivar. En medio había un claro donde se celebraban sonados partidos, como el que se jugó entre los legionarios afincados en Conil y el equipo de Barbate; vaya ambiente que hubo en el Olivar porque nadie quiso perderse el evento deportivo. Mi memoria de once años no guardó el resultado entre legionarios y *el Barbate*, pero sí retuvo una tarde mágica al lado de las marismas, donde el sol se filtraba por entre las hojas puntiagudas de los acebuches y alargaba las sombras de los jugadores.

En 1945, los partidos importantes dejaron de celebrarse en el Olivar y se trasladaron a un llano enfrente de las casetas del río, en la actual calle Ronda del Río. A este terreno le llamaban el Barro Colorado y un pequeño cerro se elevaba a modo de tribuna. Con la llegada de la feria se organizaban muchos trofeos que atraían a equipos foráneos; los espectadores portaban sus sillas y disfrutaban casi todos los domingos de los encuentros deportivos, total como era gratis, no importaba la estación del año, ni el frío, ni la calor.

Un par de años después, en 1947, el campo de fútbol se trasladó a la Jarvina, una zona pegada al río, a la altura de la primera curva saliendo del pueblo. Desde la carretera, se recorría una distancia de 200 metros en dirección al río a través de un pinar, y a continuación surgía un descampado muy cerca de las marismas, a escasos 60 metros del río. En una feria de aquellos años, se jugó un partido entre el Barbate y el Vejer del que salimos victoriosos con un dos a cero. Ni que decir de la gran afluencia de público que disfrutó del evento.

Por fin en 1953 se inició la construcción del campo de fútbol oficial del *Barbate*, enfrente del matadero municipal. Con la afición que este deporte despertaba en los barbateños se venía reclamando un estadio en mejores condiciones para ver jugar a su equipo. En abril del mismo año ya llevaba meses trabajando en las canteras, y fui yo quien descargó las primeras piedras para el levantamiento del anhelado estadio. El transporte de las piedras se hacía con los camiones de la empresa del alcalde de entonces, don Agustín Varo Varo.

El equipo de Barbate alternaba con otros de tercera división en su propio campo, equipos muy buenos como el Coria, el Algeciras, el Puerto Real, el Huelva. No me perdía ningún partido, me gustaba tanto el fútbol que ni la lluvia me quitaba las ganas. Me desplacé una sola vez para verlo fuera, en Conil y no recuerdo cómo acabó.

El Barbate jugó la Copa Sánchez Pizjuán y quedó subcampeón en 1954 ó 1956, no estoy seguro. Una vez compitió en Algeciras y le ganamos por un solo gol; marcó el jugador apelado Torojo.

Me acuerdo de los nombres de los mejores jugadores de la plantilla: el portero Gil más conocido como la Gamba, los defensas Litri, Guartango y Mata, y otros jugadores como Andrades y Soler. La plantilla del Barbate se componía de un nutrido número de jugadores algecireños.

Algunos hombres pero que muy serios

Joselito Ponce era el dueño del bar anexo a la Máquina Sierra ubicado en La Chanca. Fue un hombre tan serio que no recuerdo ningún día que lo viera sonreír, y eso que los lavadores frecuentábamos su tasca casi a diario. No era el único con aspecto adusto, también lo era Pericolollo en la cuesta de Bigalombro, que compensaba su hosquedad con las bondades de su vino blanco.

Recuerdo una anécdota de Joselito Ponce: transcurría los carnavales de 1955 y una comparsa compuesta por lavadores y algún otro de la Lonja Vieja hacía el pasacalle por el Pósito Pescador. En cuanto Joselito oyó la algarabía a lo lejos se fue inmediatamente para la puerta y de un portazo la cerró, impidiendo el acceso a todos los del exterior. Los de dentro nos miramos perplejos y acto seguido nos pegamos la *jartá* de reír, muy propio en carnaval.

Higüela abajo, tras los pasos de Juan Rossi

*El improvisado campo de fútbol asentado por la actual Ronda del Río
(Fuente: Barbate: Imágenes de ayer y de hoy)*

*El bar de Joselito Ponce, a la derecha de los camiones (Fuente: Barbate:
Imágenes de ayer y de hoy)*

*Juan, el tío de mi mujer disfrazado de bandolero con su
hija Paca y a su lado, La Tola.*

Más malo que un dolor de cabeza

Tendría yo unos veintipocos años, cuando una mañana de domingo mi hermano Manuel se levantó con un terrible dolor de cabeza, de los que dejan huella. Mi madre muy angustiada me envió a que localizara al médico don Manuel García Filgueira a su casa, con la mala suerte de que el galeno se encontraba ausente por encontrarse en una boda, nada menos que la del hijo del otro médico don Patricio Castro y la hija de Aniceto Ramírez Rey. El enlace se llevaba a cabo en el antiguo Ayuntamiento donde se ubicaba la farmacia de Guerra, y al Consistorio me dirigí para buscarlo.

A lo largo de mi vida he tratado con personas que, bien por su origen o representación social, su nivel económico o su participación en negocios se han distinguido por pertenecer a la élite de Barbate. Antes y después de la Guerra Civil, por suerte o por desgracia, este pueblo no se ha distinguido por una fuerte conflictividad social entre clases, más bien por todo lo contrario, por una convivencia entre las distintas capas sociales, pese a haber ricos y muchos pobres.

Dicho esto, reconozco que mi entrada en el Ayuntamiento para buscar a don Manuel García Filgueira en medio de una celebración de tal rango y etiqueta, provocó en mí una lógica turbación e inseguridad. *¿Qué hago yo aquí?*, me decía a mí mismo; me sentí como un marciano atrapado en los anillos de Saturno, como una gota de aceite en medio de una piscina, como un gorrión en medio de una jaula con leones, y estuve a punto de recular hacía la puerta y volverme a mi casa con la excusa de que no había podido localizar al médico.

De pronto me acordé de mi pobre hermano e hice mío su dolor, me tragué la timidez y me arrojé entre el gentío, aún tembloroso. Vi a don Manuel al fondo, me acerqué y le dije con voz firme, *don Manuel, vengo para decirle que mi hermano está llorando con un fuerte dolor de cabeza,* y me responde: *ahora mismo voy.* Tardaría como un cuarto de hora en llegar a mi casa, exploró a mi hermano y tranquilizó a mi familia. Exactamente no me acuerdo que le recetó pero el dolor remitió, gracia a dios, mejor dicho, gracias a don Manuel.

La calle Real, antigua calle de Serafín Romeu

La descripción de los lugares a los que voy a aludir a continuación se remontan desde 1940 en adelante., cuando tenía 10 años. Lugares y personas que anidaron en mi memoria y que pretendo retratar en estas líneas. Pido disculpas a todos aquellos descendientes de las familias que coexistieron en estas calles tan cruciales del Barbate Antiguo y que pudiera haber pasado por alto a causa de mi desmemoria.

La calle Real estaba adoquinada; en su embocadura desde la avenida de José Antonio, justo a la izquierda tropezabas con la tienda de Juan Po, única porque se podía encontrar abierta a cualquier hora del día y la noche ya que gozaba de una autorización especial del ayuntamiento. La luz eléctrica se la proporcionaba el transformador de la fábrica de hielo de Aniceto Ramírez desde la calle del Río Viejo. Era bien conocido Juan Po por sus dotes artísticas con la guitarra.

Pegado a la tienda de Juan Po se ubicaba el colegio de Doña Soledad y a continuación la vivienda de ésta, después la zapatería de Román, dos viviendas más adelante la casa de Juan de los Perros y pegado a ésta el Bar Rebollo.

El Bar Rebollo disfrutaba de otra salida por la calle del Río Viejo. A este local le suministré espuertas de carbón que obtenía de los residuos del Consorcio. Los restos de carbón los recogía Juan Pajarraco y los transportaba con tres bestias; me acordaré siempre de este hombre porque fue muy buen amigo de mi padre en la etapa que trabajó junto a él en el Consorcio Nacional Almadrabero.

Una bocacalle de la Ronda del Río separaba el Bar Rebollo de la casa de Currichi; anexa a ésta la casa de Pepita La Purita, que vendía y repartía vino a los bares. Otro callejón con acceso al Río Viejo separaba aquella con la tienda de Enrique que vendía primitivos electrodomésticos.

Una tercera callejuela lindaba con la casona de Bartolomé de Vejer, muy lujosa en comparación con otras viviendas de la calle Real. A su espalda y mirando a la calle del Río Viejo se descubría el comedor social dirigido por Pepita Fuentes la Catequista. Un salón muy amplio acogía a estómagos hambrientos, sobre todo a chiquillos, entre los que me encontraba yo. Además se repartía leche, ropa y otros productos. No se me olvidará nunca el nombre de la cocinera llamada Sebastiana y tres muchachas más de cuyos nombres no me acuerdo.

El menú del comedor social se reducía a un plato de lentejas con arroz, un día sí y el otro también, aunque era de agradecer un potaje caliente en el cuerpo. Por el comedor desfilaron las almas más necesitadas del pueblo con sus rudimentarias ollas y cacerolas formando una fila tan larga como la calle del Río Viejo.

Pero volvamos a la Calle Real y al bar de Ana la Sancha, pegada a la casa de Bartolomé. La tienda de la Sancha era muy frecuentada por marineros y patrones, y casi siempre estaba a reventar sobre todo en el lunario, coincidiendo con el varamiento de los barcos en el *laollá*.

Entre Ana la Sancha y el comedor social se escondía un cuartucho donde un funcionario municipal registraba y controlaba los impuestos de tiendas y establecimientos con el sellado de una certificación por el importe de tres pesetas. La imagen de este personaje se me quedó grabado de las veces que me presentaba en el comedor social hasta 1940, año crucial que marcó el punto de inflexión hacia el precario mundillo laboral dejando atrás la escuela.

Pegada a la Sancha aparecía una tienda de tejidos y a continuación, ya en la esquina, la vivienda de Antonio el Morito. La calle Real acaba en la plazoleta trasera de los Seis Grifos, actual Plaza de Carlos Cano.

La casa de Galindo sigue en pie, en la acera opuesta al recorrido descrito. En sentido inverso hasta retornar al punto inicial de la calle Real, pegada a Galindo, se ubicaba la casa de Troyano, seguida de la vivienda de la cuñada de éste último y Luis el Confitero casi enfrente de la Sancha. Después, la casa de Antonia Varo hermana de Agustín Varo, seguidas de otras viviendas y casas patio de cuyos propietarios no me acuerdo y entre ellas el domicilio de Diego el Moreno.

La antigua farmacia de Guerra quedaba frente por frente del Bar Rebollo. La farmacia colindaba con una callejón de acceso a la calle Nueva, y pegada a la botica se situaba la vivienda de Guerra. Anexa a ésta se hallaba la pastelería de Vito y luego otras residencias hasta la avenida de José Antonio.

Un premonitorio viaje en bicicleta

En 1950 coincidí en la calera con mi buen amigo Antonio Rosado. Un domingo, después de acabar la jornada pasado el mediodía, salta mi amigo: *Ompare, ¿y si nos vamos a Conil después de comer?* Dicho y hecho, cuando terminamos a las dos de la tarde, después de un almuerzo muy ligero nos dirigimos a la casa de Siguerilla y alquilamos un par de bicicletas. El alquiler de este vehículo era habitual en Barbate, cuyo coste por esa fecha era de tres pesetas por hora. La bicicleta disponía de freno delantero y para un frenado de urgencia obligaba a desacelerar la rueda trasera con el roce de la suela de la alpargata.

Partimos a las tres de la tarde, por la carretera de Barbate camino hacia Conil. Poco bien que íbamos hasta llegar a la Cañada de la Higuera a la altura de La Muela, donde nos vimos obligados a echarnos la bicicleta al hombro y subir andando. Cuando rematamos la Cañada bajamos la cuesta en ruedas, utilizando las alpargatas como freno. Llegamos a Conil a las cinco de la tarde.

Aquel día jugaron el Conil y el Barbate un partido donde se armó la *marimorena* debido a la bronca que suscitó el encuentro. El "combate" marcó una línea divisoria entre buenos y malos, y a partir de entonces el Conil fue denominado malintencionadamente como Corea. Pero nosotros no íbamos con ganas de guerra sino más bien de todo lo contrario: pasar una tarde otoñal y pacífica en aquella localidad.

Visitamos a los tíos y primas de mi amigo Antonio, que no eran otras que su tía Isabel y su prima Carmen. La casualidad de la vida me llevó a conocer a la familia conileña de mi mujer antes que a ella.

Reemprendimos la vuelta antes de que cayera la noche, no sin antes probar un cafelito acompañado de una galletita en la Casa de Postas. Bajo una luz crepuscular, aligeramos el pedaleo todo lo que pudimos, incluido el tramo a pie con la bicicleta encima por la Cañada de la Higuera. A la altura de los Treinta Poyetes ya estaba todo oscuro y por seguridad, nos apeamos e hicimos el final de la excursión andando. Fue un domingo especial, como casi todos.

De oca en oca y tiro porque me toca

Mi mujer siempre ha estado muy unida al pueblo de Conil porque su familia vivía allí. Íbamos toda la familia en cuanto surgía la ocasión para visitar a su tía y primas. También para disfrutar de la feria y comer en algún bar todos juntos. No es vanidad pero el más espléndido para pagar era yo, siempre que he podido, claro. Presumo de que nunca me ha faltado un duro en los bolsillos y no porque me lo hayan regalado, siempre ha sido ganado a pulso, a fuerza de trabajar más de quince horas al día, aprovechando todas los encargos que salían, incluido los domingos y trabajos fuera del pueblo.

A partir de 1970, los domingos se dejó de vender pescado en la lonja y los barcos desembarcaban en Tarifa y allá que nos íbamos los lavadores.

A Cádiz también iba un día sí y otro puede que también, cuando la flota de Barbate ponía rumbo a la capital. Hacíamos grupos para trasladarnos en coches particulares, y otras veces cada uno se buscaba la vida parando vehículos a la salida del pueblo.

Suerte de que mi hermana Lola en su etapa de soltería vivía en Cádiz y me avituallaba con un bocadillo cuando su trabajo se lo permitía. Y de aquellos extras no salía mal parado, me embolsaba 80 ó 90 duros por viaje y de manera excepcional hasta 160 duros, un buen dinero en aquella década.

Un domingo que no encontré ninguna combinación me fui a la salida del pueblo con Juan Alvárez, ya fallecido, y nos paró el avia de Garrido del que ya hablé en mi primer libro. Éste conductor se dedicaba al transporte de pescado desde Estepona a Barbate, y ese domingo enlazaba hasta Cádiz. Cuando llegamos al puerto de Cádiz mi compañero y yo nos dimos de bruces porque todo el pescado estaba vendido, literal y figuradamente. El bueno de Garrido regresó para Estepona ese mismo tarde y nos condujo hasta la Barca de Vejer. Qué cara de frustración llevábamos Juan Alvárez y y yo que, antes de que nos apeáramos del camión, Garrido echó la mano a su cartera y nos soltó veinte duros a cada uno; *¡pero hombre Garrido, después de llevarnos y traernos nos sorprendes con esto¡* Fue lo que acertamos a decir ante el gesto de generosidad del bueno de Garrido que nunca olvidaré.

Unas plazas de toros muy flamencas

En los años 40, Barbate ya disfrutaba de una magnífica plaza de toros construida en la playa, enfrente de las antiguas duchas. Si no fuera porque era redonda podría confundirse con una piscina pública debido a las inundaciones de olas que arrimaban los temporales de agua y viento. La plaza permanecía anegada prácticamente durante todo el invierno, y los festejos se interrumpían o bien no se presentaba cartel alguno.

En verano era otra cosa, se celebraran tantos festivales como semanas tenía el verano, participando sobre todo aficionados del toreo comarcal como el Tagarnino, originario de Vejer o el Pitroque de Barbate, aunque también los hubo profesionales como Pepe Gallardo, hermano del alcalde Manolo Gallardo desde 1955 a 1963.

En las noches de estío se escuchaba cante flamenco por los cuatros costados, o mejor dicho, a diez metros a la redonda de la plaza. Por supuesto, no disfrutaba sentado en el tendido escuchando a Pepe Pinto, la Niña de los Peines o Manuel Vallejo, sino echado a tierra y agachado bajo el graderío, ya que lograba colarme por debajo de las tablas a través de un boquete que hacía en la arena.

La letra del fandango que cantaba Manuel Vallejo aún resuena en mi cabeza:

Tú no te llamas María.
Ni Carmela, ni Pilar.
Te llamarás cada día
como te quieran llamar
por ser mujer de la vida

O aquel otro fandango en boca de la Niña de los Peines que decía:

Toíto te lo consiento
menos faltarle a mi mare
que una mare no se encuentra
y a ti te encontré en la calle.

Y aquella otra letrilla del fandango que el cantaor José Palanca entonaba:

Coge la pluma y ponte a escribir
tú que tanto talento dices que tienes,
Coge la pluma y escribe
tú que tanto talento tienes…

Otro cantaor muy popular era Pepe Marchena que canturreaba fandangos por teléfono al barbateño Ramón Corrales, conocido comprador de pescado y muy amigos ambos.

Y ya puestos a recordar los éxitos del momento, por los años 50 el trío flamenco los Gaditanos, compuesto por el cantaor Flores el Gaditano, el guitarrista Manolo Molina y Juanito el Chiquetete, popularizaron la canción *Los trigales verdes*, oída y cantada por todos los rincones, tascas, plazas o ferias, como ocurrió en Algeciras, que me la recorrí el trece de junio y por donde quiera que iba todo el mundo la canturreaba.

El final de la plaza de toros playera fue la demolición, en parte por los continuos anegamientos a causa de las mareas y temporales, además de que estorbaba en las tareas de mantenimiento de las artes a lo largo y ancho de la playa.

Bien entrado en los años 40 se levantó otra plaza de madera, mal construida y un tanto estrambótica en el llano que ocupaba las Casetas del Río, en la actual calle de la Ronda del Río, cerca del improvisado campo de fútbol. En las ferias se celebraron festivales que reunieron a muchos toreros de la época; me acuerdo de el Bizco Almansa, zurdo y tan gracioso que provocaba la carcajada en cada uno de sus lances. La improvisada plaza se llenaba hasta la bandera, y con la presencia de afamados matadores como la de Miguelín, más todavía, además de otros espectáculos como las charlotadas con enanos. En esta plaza fue donde un chavea llamado Paquirri lidiaba con becerras. La vida de esta plaza se prolongó hasta bien entrados los años 60 y fue sustituida por viviendas.

Rija, ¡ja, ja, ja, já!

En 1958 fui intervenido de una rija en el ojo izquierdo. Por aquellos años la prestación médica de las seguridad social era aún insuficiente y precaria, obligando a los trabajadores a requerir los servicios privados de consultas y clínicas. Necesitaba atención urgente para que me trataran el lagrimal hinchado de mi ojo, así pues, cogí el coche de línea y me planté en la calle Real de San Fernando, concretamente en la consulta del oculista don Pedro Vélez; me reconoció y me diagnosticó de rija. *Tiene usted que operarse,* me dijo, y antes de tomar una decisión le pregunté *¿cuánto lleva usted por operar, doctor?. Te voy a llevar dos mil pesetas,* respondió. *Bueno doctor, ya me lo pensaré,* y me fui, no sin antes haberle pagado los honorarios de la consulta.

!!!¿Dos mil pesetas, dos mil pesetas, dos mil pesetas?¡¡¡, ¡de dónde voy a sacar dos mil pesetas,si no tengo un duro! Recuerdo que el invierno de 1958 fue criminal para la pesca debido a los temporales y no había ahorrado nada. Me fui de inmediato a la consulta de mi médico de cabecera don Manuel García Filgueira y le confié la papeleta de la intervención y su coste económico. Agradecí mucho su disposición y sus servicios porque no dudó en extenderme un volante para la Residencia en Cádiz.

Al siguiente día me embarqué muy temprano en uno de los Comes para una extracción de sangre preoperatoria, y un día de mucho temporal del mes de diciembre fui intervenido.

Bajo una anestesia muy ligera escuchaba en quirófano las

voces de médicos y enfermeras. Tenía la impresión de que yo era objeto de rifa porque uno le decía a otros: *venga, venga que no vais a aprovechar nada,* al más puro estilo "tombolero". Algo de inquietud me provocó, afortunadamente por poco tiempo porque la operación se ventiló en menos de una hora.

Permanecí ingresado cinco días en una habitación que compartí con otros dos. El más joven era un muchacho con las dos piernas rotas a causa de un testarazo de moto. Gerardo, así se llamaba, me dice: *yo tengo en Barbate un cuñao, se llama Palmicha. Anda, si yo lo conozco,* le dije con el humor cómplice de los que desvelan algo compartido, *lo conozco porque trabaja en las aguas de Barbate.*

El otro señor era un hombre mayor con ochenta años llamado Evaristo el Sombrerero, muy gracioso que repetía el sonsonete *aquí lo que hay es papita y ná más.* Y no se equivocaba, al menos en lo referido al menú: las papas no faltaban en las comidas del hospital, suministradas en una sala comedor compartida y siempre acompañadas de un vaso de tinto. ¡Cuánto han cambiado los hospitales!

Mis golpes de la suerte

Por la calera se acercaban comerciantes de todo tipo y por supuesto vendedores de cupones, como una pareja de avanzada edad que vendía iguales de la ONCE. Chelín, compañero higuereño en la calera, tuvo un golpe de suerte porque le tocaron 50 duros con el número 426, y a mí casi me roza con el 429.

En 1954 la suerte me alcanzó con el 114. Tomando el fresco en la puerta de Soledad la del Práctico mientras esperaba la entrada de barcos con la pleamar, el ciego Emilio me ofreció unos iguales que aboné con el único duro que llevaba en los bolsillos. Vaya potra la mía cuando esa misma noche, vi el número estampado en la pared de la casa del director de la agencia Antonio Pareja, enfrente del Colegio del Carmen.

El bar de Joselito Ponce era el lugar preferido de los lavadores para echar un dominó cuando la actividad comercial se paralizaba en la Lonja Vieja. Un día del mismo año, a mitad de la partida, el ciego Emilio apareció por la tienda repartiendo otra vez suerte con el número 525. Nada más entrar por la puerta de Joselito, metí mis dedos en los bolsillos y conté seis pesetas, las justas para adquirir tres iguales de ese número. El paseo nocturno de comprobación del número premiado de la

ONCE desde mi casa hasta la agencia se iba consolidando como un hábito, que ha permanecido hasta la clausura de dicha agencia hace algunos años en la calle Pío XII. Cuan grande fue la alegría que recibí cuando el 525 asomaba por entre las rejas de Antonio Pareja, con el invierno tan malo que estaba pasando a causa de los temporales que paralizaban la pesca y el bolsillo. En esta ocasión me reembolsé 1500 pesetas.

Un viernes de 1974 acudo a la plaza de abastos y me dirijo al cuponero conocido como el Sevillano, empotrado en un carrito de ruedas; *dame dos del 29*, y me suelta el 929. No había acudido a la delegación de la ONCE a comprobar el número la noche anterior y nada más salir de mi casa me topé con mi vecina Pepa, esposa de Manolín Cartujo y mi saludo de buenos días fue preguntarle por el número premiado en los ciegos. *Ha salido el 929*, me respondió, y nada más verme la cara de *ralito* supo que me había tocado. La diosa Fortuna me volvió a sonreír con 12500 pesetas de las de hace treinta y nueve años.

Otras veces el azar volvió a tocarme sin previo aviso, esta vez con el número 22, en una ocasión 6250 pesetas con el 722, y otra 1200 con el 922. El Sevillano ha sido quien me ha regalado más golpes de suerte en mi dilatada e insistente pretensión de hacerme rico.

Una vida tan musical

A la edad de 17 años me sobrevino el interés por aprender música. Mi escaso bagaje escolar no apartó de mí una vieja aspiración en aprender algún instrumento musical.

Por seis meses acudí todas las tardes a la escuela de Sabal, después de acabar la jornada en la calera. Apoyado en un libro de solfeo, el maestro Sabal nos enseñaba las notas musicales agitando los brazos, *do re mi fa sol la si do,* de un lado para otro, aunque no pude disfrutar de ningún instrumento porque el trabajo obligaba.

La música me apasiona; todas las mañanas enciendo la radio y disfruto de canciones a primera hora. Por mis manos cayó hace tiempo una casete de zarzuela y pasodobles que escuchaba diariamente mientras me aseaba en casa después del tajo. Me reconfortaba escuchar piezas como *la leyenda del beso* o *España Cañí*, que me levantaban el espíritu después de un día intenso, además de evocarme emociones propias de mi juventud. Mira que le pregunto a mi hija Leo por aquella casete y ella siempre me responde: *en el baúl de los recuerdos.*

Paco, Margarita e Isabel también fueron armadores

Todo aquel que tenía dinero ahorrado y ganas de hacer negocio se hacía de una pequeña lancha y se zambullía en la pesca de boquerones, sardinas y caballas, bien en la Bahía de Cádiz o cerca de Tánger en busca de las magníficas caballas del Cantillo.

La extensa flota barbateña incluía hasta cuarenta pequeñas lanchas que daban el salto al Estrecho para capturar estas caballas de mayor tamaño, aunque las que gozaban de mejor sabor eran las caballas de Punta la Isla de las que se extraían exquisitos filetes para conservas.

Mi primo Paco tampoco le hizo ascos a la figura de armador cuando adquirió una gran lancha con sus hermanas Margarita e Isabel. Armada en el taller de los hermanos Cabeza, se rotuló con el nombre de Isabel y Margarita y tripuló Jurel. Una de las veces que fueron para Larache, llenaron la bancada de 270 cajas de caballas, cantidad muy superior a la capacidad del barco.

Previa a ésta tuvieron otra embarcación más pequeña y más bonita de nombre Flores Gómez cuyo patrón fue Ramón Tolete. Pescaba sardinas en la Bahía, para después pasarse a los marrajos, caellas y *agujas palás* en aguas más profundas.

Mi prima Isabel, hija de La Camiona, (2d) con mis hermanos María y Paco (1i y 2 i) y otras amigas

El barco "Isabel y Margarita"

En la boda de mi primo Paco La Camiona

Mi prima Margarita con su marido Antonio y su hija Paqui

El hueso del jamón salado

Transcurrían los primeros años de los 50 cuando yo frecuentaba la tienda que mi primo Paco la Camiona administraba en la antigua tienda de la Gabina, bien para echarle una mano en lo que surgiera o simplemente para echar un rato. Acudía en el espacio de tiempo que me quedaba libre después de la calera; el trajín de gente que entraba y salía de su negocio me entretenía más que a nadie.

Una mañana, mi primo Paco se ocupaba del corte de un hueso de jamón con una segueta, mientras que yo contemplaba la operación muy relajado, apoyado en el mostrador y embriagado por el olor entremezclado a jamón y tuétano salado. Por cada corte, un trozo de hueso rodaba por el mostrador dejando un reguero de limaduras igualmente sabrosas. Enfrascado ambos, él en la tajadura y yo en la contemplación, me doy cuenta de que un trozo había caído al suelo, y le digo a mi primo *"aquí tienes un hueso"* en el preciso instante en el que entra un cliente. Era Antonio, el hijo de seño Rosa, una mujer muy buena que tenía un puesto de chucherías, a saber: castañas, higos secos, catufas, avellanas toreras, caramelos y otras delicatessen. Antonio, al escuchar *"aquí tienes un hueso"* interpretó que se hablaba de él y vaya el mosqueo que cogió el hombre.

Por más que le expliqué que el susodicho hueso no era él sino lo que estaba debajo del mostrador no conseguí calmarlo. Mi primo Paco no podía contener la risa y el muy canalla no intermediaba para aplacar al ofendido. *A mí tú no me llamas hueso*, me repetía una y otra vez con muy malos humos, hasta que por fin se fue apaciguando aunque sin entrar en razones, el muy testarudo; lo dejé por imposible.

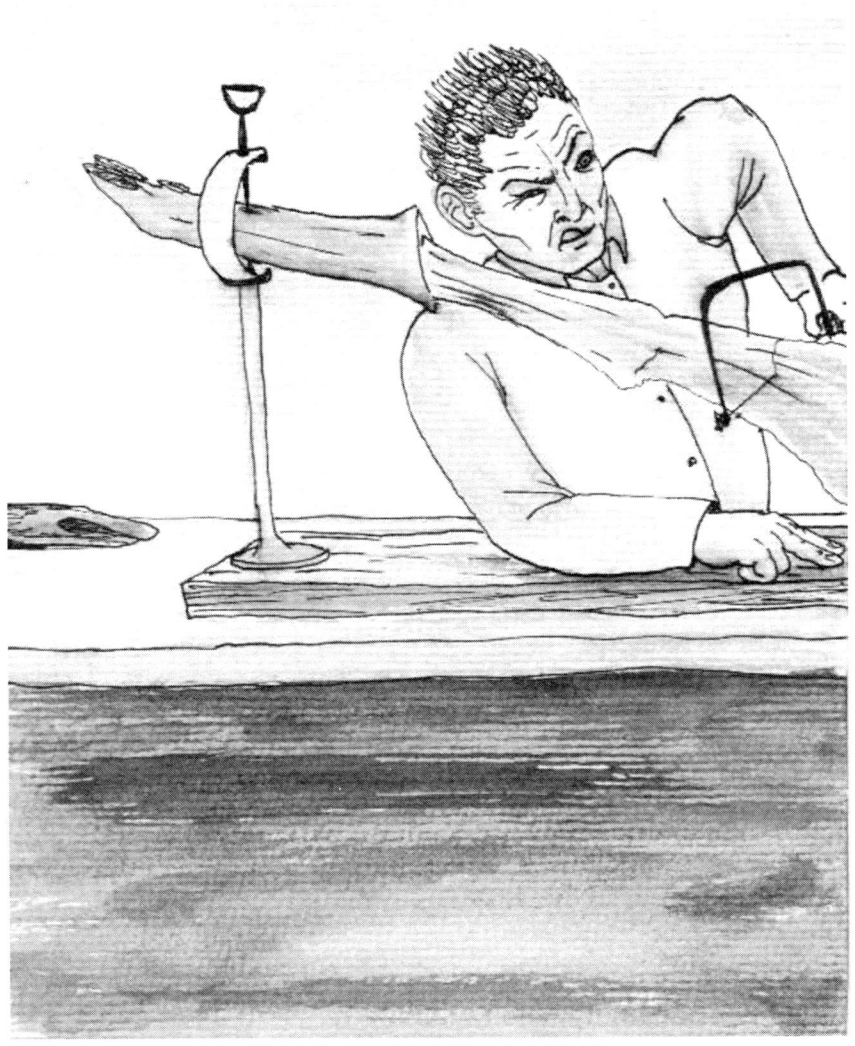

Antonio y Ambrosio, una pareja muy compenetrada

Por la calles de Barbate de finales de los 30 y principios de los 40 transitaban Antonio y Ambrosio. El primero era cabo municipal y muy buena persona que le dictaba al segundo, un hombre mayor de 70 años, las proclamas oficiales del municipio. Ambrosio hacía de vocero de los edictos que Antonio anunciaba a la comunidad.

Escogían los lugares más concurridos de todavía un reducido Barbate, porque ni el Ayuntamiento, ni su plaza, ni la Iglesia de San Paulino, ni las casas baratas existían aún: todo era arena y pinos, desde el Real de la Almadraba hasta la entrada del pueblo.

La esquina de la tienda de Antonio Soler era el punto en donde mi familia y yo nos enterábamos de lo que acontecía en Barbate, un emplazamiento neurálgico para los vecinos que vivíamos por la Carretera del Faro y la Cuesta de Emilita Luna. Bastaba la aparición de Antonio y Ambrosio quietos y parados para que la gente empezara a rodearlos a la escucha del pregón. *Se hace saber…*, este era el encabezamiento que utilizaba Antonio en boca de Ambrosio para anunciarse.

Una mañana se apalancaron en la esquina de la tienda de Antonio Soler para proclamar un oficio más, cuando al poco tiempo de que Ambrosio repitiera el mensaje, éste tuvo un lapsus y se equivocó de palabra. Antonio, caracterizado por la formalidad impuesta del buen funcionario, no reparó en corregir al subalterno diciéndole: *Ambrosio no te equivoques,* y éste, fiel al mensaje de su superior y a su cometido, replicó en voz alta: *Ambrosio no te equivoques,* arrancando a los presentes una carcajada colectiva. Qué gracioso estuvo Ambrosio sin intención de parecerlo.

No presupongas nada de un pobre

Un día ya de tantos, a medio metro de la tienda de mi primo se sentó un pobre hombre con aspecto de indigente que no llegaba a los cuarenta años. Su figura zarrapastrosa y descuidada ocupaba la acera de la carretera del Faro, y aunque no mendigaba, su estampa incitaba a la caridad. En cuanto advertí su presencia, entro en la tienda, se lo comunico a mi primo, y éste, que ya conocéis algo de su bondad, empieza a prepararle un bocadillo. Salgo afuera, me dirijo al pordiosero y en un tono benefactor, le digo: *entra p'a dentro que mi primo te está preparando un bocadillo*, y salta éste, *¿ahora me voy a levantar yo?, ¡con lo bien que estoy aquí!*. ¡Vaya tío más flojo!, y lo bien que vivía.

Las casas de Peones Camineros

Me acuerdo de un camión cargado de pescado procedente de Algeciras con dirección a Barbate que se averió un poco más abajo de la venta de Luis, próximo al cruce de Zahara, a la vera de una casa de peones camineros.

Nos encargaron a los lavadores que hiciéramos el trasvase a pie de carretera y allí nos dirigimos de mañana muy temprano. Como no dio tiempo ni para desayunar, tras pasar la mercancía a otro camión, cogimos un ejemplar de sable, el pescado transportado, lo troceamos y nos fuimos directos a la casa de peones camineros. Nos abrió la puerta una señora y le pedimos el favor de que friera los trozos de sable en el interior de su casa. *Claro que sí hombre*, respondió muy afable la mujer del caminero.

Los cuatro lavadores y el chófer del camión averiado nos acomodamos en la cocina mientras que la señora freía el pescado que nos sirvió con pan y algún que otro producto de su cosecha.

Quedamos muy agradecidos a la señora y al peón caminero porque demostraron una generosidad difícil de entender hoy en día. A partir de ese día cuando alguien me dice que tengo cosas de peón caminero, no me lo tomo a mal sino todo lo contrario.

El humor de Felipe

Por 1948 nos sentábamos seis amigos en la tienda de Felipe, otro hijo de Paquito el de la calera, para echar unas cartas. Este establecimiento se situaba donde actualmente se encuentra el negocio de Canito. Felipe también era un asiduo de las partidas de birisca o tute, y antes de sentarnos para empezar el juego, le encargábamos la consumición. Yo, conocedor del carácter áspero de Felipe, me gustaba chincharle y justo cuando se sentaba para descubrir sus cartas le espetaba con un *Felipe, échame el cafelito.*

¡Hijo de la gran puta, Juan!, me pides el cafelito cuando ya estoy sentao. ¿¡No lo podías pedir antes!?. La reacción de Felipe era motivo de mofa para mí y el resto de jugadores pero nunca llegó a mayores. Al final optó por ponerme el café antes de que yo lo pidiera, sin embargo como persistía en mi puñetería, me pasé del café a la copa y Felipe resollaba: *¡pero este hijo de puta no me va a dejar tranquilo!,* y todos nos hartábamos de reír.

Felipe, además de ofrecer copas y cafés a seis gordas, también tenía un tienda de alimentos básicos; servía bollos de pan procedentes de fuera de Barbate que prácticamente se los quitaban de las manos al instante mismo de recibirlos, ya que eran muy numerosas las criaturitas que se arrimaban casi de madrugada para adquirir más de uno.

Una visita a San Fernando

La relación con mi novia en 1958 ya estaba media formalizada. La familia de mi mujer se repartía entre Conil y San Fernando, y con motivo de la despedida de mi cuñado Antonio destinado a Canarias para completar el servicio militar, su madre y resto de hermanos se desplazaron a La Isla.

Decidido a pasar un día junto a mi novia me encajé en San Fernando tomando el primer coche de línea a unas horas muy mañaneras, y para hacer tiempo callejeé por la ciudad cuando las farolas emitían los últimos guiños de luz.

Calle Real para arriba y Calle Real para abajo, rondando el domicilio-barbería de Juan, pariente de mi suegra, lugar donde estaban alojados. Entorno a las diez de la mañana entré en la barbería, me presenté, pregunté por mi novia y ella salió. Mi corazón dio un vuelco de emoción al verla, igual que siempre, y nos dispusimos a pasear juntos sobre lo andado horas antes.

No tenía conciencia de lo rápido que pasó el tiempo, fue un garbeo entre nubes, era nuestro primer paseo fuera de Barbate, en una ciudad que no me resultaba ajena debido a mi permanencia allí por el llamamiento a filas en 1950.

Llegó la hora del almuerzo y no decliné la oferta de los parientes de mi suegra para que me quedara a comer. La situación me provocaba mucha vergüenza, era la primera vez que me veía en una situación tan formal. Mi cuerpo y mi cabeza fueron relajándose poco a poco, ayudado en parte por el abrazo que mi estómago dio al pescado de estero con tomate y de segundo, pescaíto frito. Hay que decir que en San Fernando se come mucho pescado de estero.

La sobremesa transcurrió charlando de todo un poco: de mi experiencia en el servicio militar y estancia en el hospital San Carlos, de la pesca en Barbate, de la industria naval en Bazán, de las almadrabas, de toros, etc., hasta que mi novia y yo nos levantamos para disfrutar de un último paseo de tarde, pero en esta ocasión acompañados de su madre, Maria la de Conil, el quinto llamado a filas y su hermano menor Frasquito. Nos sentamos en una cafetería por los alrededores de la parada del coche de línea, más abajo de la Iglesia del Carmen y acabamos el encuentro cuando me subí al autobús de vuelta a Barbate. Cuántos viajes de ida y vuelta y cuántas historias personales ha atesorado el coche línea, tantas como barbateños.

Higüela abajo, tras los pasos de Juan Rossi

Mis cuñados Antonio y Frasquito junto a mi mujer en San Fernando

Zona por donde paraba el Coche Correo (Fuentes: Barbate, Imágenes de ayer y de hoy)

Amigos de mi hermana María (1i) y mi prima Isabel (centro) paseando por la flamante Avenida de Generalísimo

Un pueblo en construcción

El Zapal no vivía ajeno a su pueblo; era consciente de lo mucho que crecía Barbate en construcciones y edificios. Por cada levantamiento, se celebraba una visita de las autoridades locales provinciales y hasta nacionales, casi siempre en compañía de curas y obispos, como se recogen en numerosos testimonios fotográficos.

A mediados de los 40, cuando se cimentaron las casas baratas y ultrabaratas, yo trabajaba en la calera y arrimaba la cal a pie de obra. Las primeras en construir fueron las ultrabaratas cuyo contratista se llamaba Diego Lázaro. El hijo de éste montó un cine de verano pegado a la antigua Comandancia de Marina, en la actual calle Pilas bocacalle de la avenida de José Antonio.

El contratista del cine Avenida se llamaba Esteban Pinilla y el maestro de obra era un gallego cuyo nombre no recuerdo. El contratista de la iglesia San Paulino fue Eduardo Tovar y el maestro un tal Paco originario de Peñarroya. Éste último entabló amistad con Paquito, mi jefe, y le prometió traerle carbón de Peñarroya. El maestro de obra, cumplió su compromiso enviándole veinte toneladas de carbón en tren hasta San Fernando. Botón, el cosario de Barbate, acercó el cargamento desde

San Fernando hasta su negocio. Paquito pensaba que el carbón era de magnífica calidad, pero se llevó una decepción cuando comprobó que era carbón pizarra, de inferior calidad ya que no llegaba a alcanzar la temperatura idónea para fundir las piedras, a pesar de tornarse en un intenso *colorao* cuando estaba en plena incandescencia.

Tomás Montero fue el contratista de las casas baratas, cuñado del maestro de escuela don José Graña. El maestro de obras de las casas baratas era un tal Valentín, un señor muy rudo en el trato con los trabajadores, que también dirigió las casas del Consorcio.

El escribiente de las casas baratas era un tal Juanito de Vejer, a quien me dirigía todos los sábados para que me pagara por el servicio de la cal, y cuánto *trabajito* le costaba soltar el dinero a diferencia de Diego Lazaro, el contratista de las ultrabaratas, que hasta me daba pesetas de propina.

Mis visitas a Cádiz

Para aplacar el calor de las noches de verano y sobre todo el acumulado en el interior de las casetas del Zapal, los jóvenes nos reuníamos en los chiringuitos instalados a lo largo de la playa y agotábamos las horas nocturnas sin alcanzar el *after hour* de estos tiempos. Y es que con 17 años, en los albores de la vida, la brisa marina enfriaba los sofocos de una juventud plagada de sinsabores, aunque también repleta de satisfacciones en la limitada oferta de diversiones de la década de los 40.

La noche del 18 de agosto de 1947 muchos barbateños escucharon una explosión de la que se tuvo información varios días después. El origen del estruendo procedía de la detonación de explosivos en un polvorín de Cádiz cerca de los antiguos astilleros, que provocó una catástrofe de tal magnitud jamás conocida en la capital. Debo decir que no fui consciente del bombazo a pesar de que me encontraba en la calle a causa del insufrible calor en el interior de las viviendas. Un año antes visité la zona del desastre con ocasión de la visita que hice a las fábricas de losas y cemento en Cádiz, y también a unos hornos de cal en San Fernando en compañía de Paquito, mi jefe de la calera.

A principios de los 40, acudía mucho a Cádiz para saludar a una prima de mi madre llamada Leonor que tenía un puesto de verduras en la Plaza de Abastos, después de visitar a mi padre encarcelado en Chiclana tras la Guerra Civil. En el penal también estaba mi tío Cayetano, primo hermano de mi padre, que lo retuvieron durante cincuenta días como a otros muchos barbateños.

El Coche Correo era el medio de transporte más utilizado por los barbateños para desplazarse fuera de Barbate, conducido por Agustín el de la Cubana. Este enlace se cogía a la altura de la actual plazoleta de Carlos Cano, delante de la casa de Ramón Corrales.

Una travesía muy accidentada

Mi hermano Manuel debutó como marinero el mismo día que se jugó el España-Inglaterra en Río de Janeiro el 2 de julio de 1950, en el pesquero conocido por el Zángano. El patrón era un pariente llamado igual que mi hermano: Manuel Rossi. A causa de la victoria de España contra el país anglosajón, los marineros salieron para el tajo muy encendidos y animosos. Poco le duró a mi hermano aquel subidón de euforia porque nada más llegar a Santipetri para hacer acopio de sal, ya notaba en su cabeza los efectos indeseables del vaivén.

Una vez almacenada la sal en la bodega del barco, la ruta prosiguió hacia Agadir, a pocos nudos de velocidad porque el motor del barco no daba para más. Aquella travesía tan lenta iba carcomiendo la integridad física de mi hermano que se iba desvaneciendo a gran velocidad mientras duraba la pesca de sardinas en la costa marroquí.

La vuelta a la península no estuvo exenta de riesgos: el motor del barco se paró en doce ocasiones con la culata rajada, para acabar a la deriva durante cinco días seguidos. Divisaron una baca -barco de arrastre- a lo lejos, le hicieron señales y ésta se aproximó. Además de proporcionarles ayuda técnica al barco averiado, le indicaron al patrón del Zángano que se encontraba a cien millas de Cádiz. Después de quince horas de viaje anclaron en Isla Cristina.

Mientras se alijaban las sardinas en la lonja, mi hermano se tomó un respiro en tierra en busca de alivio, sin embargo prosiguió el viaje embarcado ya que le podía más el orgullo que las náuseas.

A su regreso, a la altura del Cabo Trafalgar el piloto del barco se vio muy apurado ya que le sorprendió un fuerte oleaje y la indisposición de mi hermano crecía en la misma proporción que las olas. Mi hermano saltó al muelle de Barbate con una palidez inusual, demacrado, más sudoroso que cualquier otro marinero y con el juramento hecho de no pisar más la mar para el resto de su vida. Y así fue, lo mismo que yo, que tras mi naufragio en la Barra con catorce años, no fui capaz de dar el salto al Laollá nunca más.

El guano de Alejandro Romero Osborne

Mi hermano Manuel después de su ensayo como marinero nunca más subió a un barco. A él como a mí nos unía la aversión por estar embarcado. Retomó el tajo colaborando con Paco Quintana, un buen albañil, y entre sus trabajos hay que destacar la ampliación de un patio trasero en la fábrica de Alejandro Romero Osborne. Esta conservera se ubicaba al lado de la otra de Aniceto Ramírez Rey, a la altura del actual Mercadona.

Antes de que yo trabajara para Alejandro Romero Osborne en 1952, el patio al que hago referencia era un extenso llano pegado a las escombreras que lindaban con la playa. Era un espacio donde se acumulaban los desperdicios de los pescados que después se recogían con la ayuda de bestias y se echaban al río. Recuerdo que en mi hambruna infancia acudía a ese claro a rebuscar entre los despojos para rescatar huevas de caballas.

Ese terreno casi siempre se hallaba inundado de agua salada a causa del fuerte oleaje que se colaba cuando las mareas crecían, hasta que los dueños de la factoría se adueñaron del mismo y desecaron la charca de casi cuarenta metros de diámetro con arena y zahorra, y así dispusieron de mayor superficie útil en la fábrica. Habilitado este nuevo espacio, los residuos del pescado empezaron a reciclarse en la elaboración del guano, un negocio floreciente.

Cuando yo arribé en 1952, en dicho patio tenía instaladas dos presas donde se cocían y se extraía el aceite de cabezas y despojos. Después, yo me encargaba de extender los restos en el patio para que el sol los desecara, los metía en sacos y se enviaban a las fábricas de guano del Puerto de Santa María.

Aquellas entrañables formas de diversión

Los zagales de principios de los 40 nos distraíamos jugando a la pelota en un improvisado campo de fútbol localizado en el llano que ocuparía el desaparecido cine Puerto. En esta zona, nos juntábamos no menos de 20 niños en torno a una pelota de trapo cosida a trompicones por la madre de alguno del grupo. Otras veces, jugábamos en la playa en la bajamar, con el inconveniente de que la pelota mojada pesaba un quintal; lo peor eran los chutes de cabeza.

El grupo de cinco amigos organizábamos expediciones al campo para recolectar *piel de burro*. Era un tallo que enterraba un pequeño bulbo del tamaño de un garbanzo que se masticaba para extraer el azúcar. Era algo más que una chuchería, proporcionaba la dulzura en una infancia agridulce.

En los alrededores de Barbate se asentaron compañías militares durante la Guerra Civil y en los años siguientes. A la Yerbabuena acudían soldados de infantería para hacer prácticas de tiro dirigiendo sus fusiles hacia la pared de los acantilados. Con 13 años, en cuanto teníamos información de las operaciones militares, mi grupo de amigos acudíamos a la Yerbabuena pasados dos o tres días. Íbamos muy entusiasmados para descubrir los balines incrustados hurgando con el dedo en los agujeros. Después se los vendíamos al chatarrero a cambio de unas cuantas perras.

Al anochecer nos divertíamos jugando al contra o al *payoy*, bajo el grito de *¡Rompe olla y cazuela!*, en la confluencia de Emilita Luna, Carretera del Faro, Zapal y otras calles adyacentes. En un lado de este ensanche se situaba la carnicería de el Pancho de la que salían morcillas y chicharrones cuyo aroma no dejaba indiferente a nadie, sobre todo a mí que me alimentaba solo con el olor.

Fruto de los grandes temporales, por detrás de la fábrica de Aniceto Ramírez se formaba un gran charco de agua de la mar que permanecía durante todo el invierno. Esta balsa de agua era colonizada por patos y hacían de este terreno un auténtico reino palmípedo. Nadie fue capaz de dar caza a un pato; estas aves se sumergían bajo agua rápidamente cuando intuían cualquier gesto de apresamiento: habían aprendido a sobrevivir en un territorio hostil.

Lo misma suerte corría la actual avenida del Faro que se encharcaba cuando llovía. Los chiquillos nos entreteníamos en las charcas botando pequeñas lanchitas construidas a partir de planchas de lata que doblábamos por la mitad, fijando en la línea media un trozo de cartón gordo a modo de vela. El viento se encargaba de impulsarlas para goce de los cinco o seis chiquillos que organizábamos regatas en la charca.

Los zagales de los finales de los 30 y principios de los 40, retozábamos por la carretera del Faro descalzos porque no teníamos ni para alpargatas, y casi me atrevería a decir que más protegidos de enfermedades y resfriados. Se nos iba el santo al cielo y se nos pasaba la hora del almuerzo, también porque sabíamos que el plato de comida no estaba garantizado al cien por cien, podías llegar a casa y encontrarte sin nada que meterte en la boca; era preferible seguir pilotando lanchitas en una charca que sumergir la cuchara en dique seco.

La magia del río, mucho más ancho y caudaloso que ahora, nos atrapaba sin que nos diéramos cuenta, espulgando los cangrejos de su orilla que después cocería mi madre.

Otro lugar entrañable era el Faro Antiguo donde contemplábamos las andanadas de mar desde la barrera en alto; no solo chiquillos sino también mayores, y como si se tratara de una película pasábamos las horas mirando y mirando las fantásticas olas que ejercían una atracción hipnótica.

La tienda de José el de Lucas

La tienda de José el de Lucas estaba pegada a la tienda de mi tía Paca la Camiona. Era un cantina donde se podía disfrutar de algo más que una copa de vino: disponía de una magnífica mesa de villar que brindaba partidas de *imperial* y *siete y media* con palillos que se colocaban encima del paño, además de los conocidos juegos de cartas. Con mis doce años aún no tenía edad para apostar a los naipes, pero sí para fijarme en los vicios y embustes de los tahúres que allí se reunían.

El día en el que José el de Lucas instaló una gramola con bocina en su negocio se incrementó la clientela, sobre todo de chaveas de corta edad que remoloneábamos en torno a aquel artilugio con manivela. Me acuerdo vagamente de la letra de una canción que sonaba a principios de los 40 y que sonaba algo parecido a esto:

> *Desde que vino la monja….*
> *le está corto el vestido…..*
> *y en mi pueblo la "majuelas"*
> *la vergüenza la han perdio…*
> *y hasta las mismas "bravas",*
> *van las mozas enseñando…*

Les pido por favor que si alguien acierta con la auténtica letra, no dejen de comunicármelo. Ocasionaba furor a los zagales de mi edad. Muchos años más tarde, en los años 80, la tienda de José el de Lucas fue adquirida por mi cuñado Frasquito, negocio que regenta en la actualidad.

José el de Lucas emigró a la Argentina porque tenía familia por aquellas tierras lejanas y como suele ser habitual en estos casos no se le volvió a ver más el pelo.

Una Semana Santa pero que muy iluminada

A finales de los 40, los dueños de barcos colgaban desde los balcones las lámparas de luz utilizadas en botes y barcos para iluminar a los pasos y santos. Éstos se encerraban y salían de la Vieja Iglesia de San Paulino en dirección a la calle Real y todo el trayecto quedaba perfectamente alumbrado con potentes focos en un derroche de iluminación de un oscuro Barbate.

En el balcón del armador del Virgen del Sufragio, ya en la calle Real, se colgaba estratégicamente otra lamparilla para alumbrar a los cantaores de saetas conocidos en el pueblo: Melerito y Cabo Gata que cantaba por *martinete* logrando arrancar del público una ovación tan sonora que ponía en entredicho la solemnidad religiosa.

Calle Real hacia abajo nos topábamos con la plazoleta donde vivía Diego Galindo, muy iluminada con otra luz de bote puesta desde su balcón. Aquel limitado espacio se llenaba hasta la bandera, se atestaba de una fervorosa audiencia, expectante a la actuación de Melerito y Cabo Gata. Cantaban como los ángeles, ¡de maravilla!

La procesión transcurría por delante de la fábrica de los Crespo, se desviaba por la panadería de Márquez y proseguía por la cuesta de Bigalombro, empinándose hasta las alturas en un recorrido celestial debido al resplandor de los focos. Bigalombro, por si alguien no cae, era un afamado panadero de Barbate.

En lo alto de la cuesta de Bigalombro se alzaba la tienda de bebidas de Pericolollo que sorprendía con un primoroso vino blanco, de Primitivo Collantes. Yo frecuentaba mucho esta cantina en mi época de lavador, con mi buen y queridísimo amigo Paco la Caballa y con Angel apelado el Cai (y no voy a decir pistas de su origen). Fuera del calendario litúrgico, los tres nos rendíamos frente a un papelón con medio kilo de chicharrones calentitos y un litro de vino de Pericolollo.

La cantina de Pericolollo ya existía cuando yo era un chiquillo. Con trece años entraba en su local porque mi tía Paca la Camiona me encargaba garrafas de cuatro litros de vino y algunas botellas de coñac para su negocio. Quiero resaltar que Pericolollo era un hombre muy serio, por lo menos a mí me lo parecía; de las muchas veces que me presentaba en su cantina nunca le vi sonreír: un carácter muy suyo. Pero volvamos a la Semana Santa y dejemos el delicioso caldo de Pericolollo.

Traspasada la cumbre de Bigalombro, sorprendía un escenario muy alumbrado (donde mismo está el 4,20) concebidos para que las voces de Melerito, Cabo Gata y alguno que otro más, volvieran a encandilar al gentío al paso de santos y vírgenes. La procesión viraba a la izquierda continuando por la calle Agustín Varo hasta el punto donde se encuentra el hogar del pensionista, evitando la actual avenida del Mar, muy mal acondicionada por aquellos años, hasta la Vieja Iglesia de San Paulino.

Ya recogido el santo, se remataba el ritual nocturno con unos *calentitos* en café con leche, en los escasos puestos instalados de la inacabada avenida del Mar. Eso sí, cada uno pagaba lo suyo y después a casita, a reposar unos pies muy sufridos debido al desgaste de las alpargatas.

Un burro navegando

Como ya sabéis, mi jefe Troyano era muy dado a urdir proyectos no precisamente relacionados con el pescado, como aquella feria del 59 en la que se encaprichó por presentarse al concurso de botes y lanchas engalonadas. Entre él y dos hermanos adquirieron prestada una barca almadrabera, cedida por Manuel Camacho, director del Consorcio y amigo de éstos.

La cuadrilla de lavadores nos temíamos el siguiente paso que Troyano iba a dar, y por supuesto no erramos en la predicción: nos encargó que recogiéramos de las huertas ramas de palmeras y flores para decorar la barca. A Troyano no le sentó nada bien mi negativa en participar en sus propósitos porque ese día lo tenía ya comprometido. Y no era mentira, había quedado con mi novia para invitarla a comer en la venta Duarte en compañía de otros amigos, episodio que ya narré en mi primer libro.

Mis compañeros asumieron el trabajo con resignación porque no solo se dedicaron a recoger la ornamentación floral sino también a acondicionar la barcaza, colocando unos tablones de madera a modo de planchas para allanar la nave.

Aprovechando la pleamar, el carro fue bajado por la

escalinata del muelle de la Lonja Vieja, entre ocho o diez hombres. Tras él, vino el borrico. ¡Ay, el borrico! El pobre animal tuvo que ser arrastrado por la escalinata por varios más, con no poca dificultad, para lograr salvar el hueco que separaba el muelle del barco.

La nave con el ornamento, el carro y el borrico iba a remolque río arriba enganchada a otro barco, mostrando una estampa en medio de la corriente que causaba más perplejidad que otra cosa. Aquella extravagancia debió conmover tanto al jurado que, aún así logró el primer premio.

Reprimí el impulso de preguntar a mis colegas sobre la cuantía de la gratificación; un importe nada comparable con el idílico día que echamos en la venta Duarte. Y si Troyano se molestó, pelillos de borrico a la mar.

La caseta de feria

Como relaté en el pasaje anterior, mi jefe Troyano era persona inquieta que se embarcaba en muchos fregados. En esta ocasión, en vísperas de la feria del Carmen de 1960 no tuvo otra ocurrencia que montar una caseta de feria por todo lo alto.

Informado de que un tal Simón, negociante de Medina Sidonia, alquilaba casetas de feria ya preparadas para el montaje, no se lo pensó dos veces y muy presto, contactó con éste y con un conocido porteador cuyo vehículo nos resultaba familiar a la cuadrilla de lavadores ya que lo habíamos cargado y descargado con anterioridad.

Salimos de Barbate a la una de la tarde en dirección a Medina Sidonia: el transportista, José Troyano, Paco el de Algeciras, Manduca, Borrego y yo. Después de un hora aproximada de viaje nos presentamos en el negocio de Simón y calentamos motores gracias al efecto vigorizante de una copa mientras dialogábamos y bromeábamos con la actitud tan flamenca que Troyano se traía entre manos, y es que ya lo dije en en mi primer libro, lo mismo servía para un roto que para un *descosío*.

La caseta estaba guardada en un cuartucho de tres al cuarto en lo alto de una cuesta estrecha de muy difícil acceso para los vehículos; por lo menos sesenta metros era la distancia que separaba el camión del cuchitril, un recorrido a considerar para acarrear a pulso tablones de madera tan pesados. *A ver si puedes darle marcha atrás*, le decíamos al porteador y accedió no muy convencido debido al aprieto donde iba a meterse.

El conductor, atento a las indicaciones de un familiar de Simón que lo guiaba desde atrás, empezó a recular poco a poco y revolucionando mucho el motor debido a la pendiente de la calle. *¡Dale, dale, dale, dale!*, y *¡Ploffff! ! Catapúm chim pum!*. El camión aplastó a un motocarro triciclo pegado a la pared dejándolo completamente inservible. El dueño, muy alarmado por el estropicio, salió escopetado desde el interior de su casa y cuando descubrió su vehículo hecho un acordeón empezó a llorar. Pobre hombre, que lástima, cuánta desesperación y cuánta rabia: *¿¡qué me habéis hecho, qué me habéis hecho!?*, repetía una y otra vez.

El incidente del motocarro nos entretuvo bastante tiempo y cuando por fin se calmaron los nervios mediante un acuerdo entre el porteador, el guía y el propietario del vehículo, proseguimos con nuestro cometido.

Las piezas de la caseta obligaban a cogerlas entre dos, y otros dos las recogían en el cajón del camión. Nos alternábamos las tareas porque eran muchos los tablones que cargar y porque el sobreesfuerzo físico era considerable. Amarramos los tablones para que no bailaran en el trayecto y terminamos entorno a las siete de la tarde. Eso sí que fue un trabajo penoso, no se me olvidará nunca, por el esfuerzo y por el rincón donde se hallaba la dichosa caseta.

Volvimos a la tasca de Simón para recuperarnos de tan dura brega con unas cuantas copas, mientras Troyano saldaba las cuentas con el dueño. Cuando a nuestro jefe le pareció dijo *¡vámonos!,* todo esto sin haber probado bocado. Lo hicimos ya de vuelta, en la tienda de Ignacio Castro con un bocadillo y una cerveza, lo único que comimos aquel día.

Llegamos a Barbate a las nueve de la noche con el recelo justificado de tener que descargar los tablones y montar la caseta. Se armó por detrás del ayuntamiento, en un llano donde instalaron los coches eléctricos y justo al lado, la caseta de feria. Menos mal que nos ayudó uno de Medina, muy puesto en estas labores.

La caseta quedó resultona, sin techo y muy al gusto de todo el mundo sobre todo de Troyano, asiduo todas las noches de feria al igual que nosotros, porque a la vista de la apretada gratificación ofrecida decidimos divertirnos a su costa. Apuntar como negativo la ausencia de cantaores y bailaores, los únicos que faltaban para dar el cante.

En septiembre de ese mismo año acudí a la feria de Conil y mira por donde, allí estaba montada la caseta de Simón, que iba de feria en feria. De pronto me acordé de la *pechá* de trabajar que los cuatro compañeros nos dimos, y lo hartos que quedamos del antojo de nuestro jefe. Seguro que en esta ocasión el nuevo patrono de la caseta amenizó la fiesta con bailaores y cantaores, pero de eso no puedo dar fe porque no me quedé para comprobarlo.

Las almejas que nunca veremos

A pesar de la frenética actividad de la Lonja Vieja a mediados de los 50, también había muchos momentos para aburrirse por la ausencia de pescado. Alma inquieta que soy me dirigí en uno de esos días hacia la Barra para pasear, a lo largo de los cien metros de fango que separaba la punta del muelle con la desembocadura del río Barbate. Por cada paso dado, una huella profunda en la enfangada arena que descubría almejas de gran tamaño que ya nunca volveremos a ver. Me pongo a escarbar con un pie aquí y el otro, un metro más allá, y el otro, dos metros más, y el otro, tres. Total, que lo que iba a ser una pausa en el trabajo pasó a una recolección de un kilo de almejas ribereñas.

Cuando entré a casa de Abelardo para tomar un vino con mi malla de almejas encima, Ramón Rosado, comprador y exportador de pescados, me acució para que le pusiera un precio a las almejas, *dame lo que tengas en los bolsillos* le solté, y me largó tres duros por la malla.

No volví a repetir la experiencia porque, a medida que pasaban los días, los meses y los años, el tamaño de las almejas iba menguando a medida que el número de recolectores que hundían sus pies en la enfangada arena del río iba en aumento.

Las casetas del cabo rentista

La caseta del rentista surgía de entre los pinos en el espacio que ocupa la actual Plaza de Abastos. El guarda del interior tenía por misión detener a los mercaderes procedentes de San Ambrosio, Jarillo y los Caños para hacerles pagar el arbitrio. Era un impuesto recaudatorio para las arcas municipales que todo comerciante que se desplazase en vehículo, bien tirado por bestias o motor, debía pagar por la mercancía transportada.

Enfrente del actual surtidor de gasolina próximo al cementerio, se encontraba una segunda caseta cuyo rentista paraba a los hortelanos aledaños. Entre las dos casetas con sus respectivos vigilantes funcionarios aparecía la figura del Cabo Rentista, responsable de aquellos aranceles. Sin embargo, si mi memoria no me engaña, aquel tributo no se mantuvo por mucho tiempo en Barbate.

La providencia del Cantarranas

El camino marcado por el continuo paso de viandantes desde la casa del Rentista en dirección noroeste hacia Jarillo y San Ambrosio configuró la actual avenida de Andalucía. Esta calle empezó a estructurarse con el levantamiento de bloques de viviendas de la Lusa a principios de los años 50, en la parte izquierda conforme se sube en dirección al cuartel de la Guardia Civil.

La calle se estrenó con el nombre triunfalista de la dictadura: avenida de la Victoria, renombrada muchos años después como avenida de Andalucía. Una de las casas de la Lusa fue otorgada al suegro de mi hermano Manuel por mediación del obispo de Cádiz. Su historia no deja de ser curiosa en parte por las vueltas que da la vida.

El suegro de mi hermano Manuel apelado Cantarranas, era un marinero embarcado en el pesquero Atlántico que se disponía a partir para Ceuta desde Algeciras. En este último puerto hizo acto de presencia el obispo de Cádiz para hacer la misma travesía en un barco de la compañía regular, con tal mala suerte que llegó tarde y lo perdió. No sé cómo llegó la noticia a oídos de Cantarranas pues buscó al obispo ofreciéndole, por cuenta y riesgo, la posibilidad de llevarlo en su pesquero al otro lado del Estrecho. El prelado aceptó de muy buenas ganas la invitación del marinero, agradeciéndole enormemente el gesto y le prometió, no el paraíso, pero sí cualquier favor que le pidiese a partir de ese día.

Cantarranas nunca olvidó la ofrenda del señor obispo preservándola como oro en paño y esperando el momento oportuno para hacer uso de ella. Como si de una lámpara maravillosa se tratara, muy acertado gastó su deseo frotando la lamparilla ante la necesidad de una vivienda. El obispo intercedió por él en la concesión de una casa de la Lusa y fue agraciado con una que hace esquina con las actuales Avenida de Andalucía y calle Albufera.

En 1958, desde el segundo piso en la terraza de la casa de Cantarranas, mi mujer y yo vimos la interminable película *Quo Vadis* proyectada en el cine Terraza. En aquella ocasión, dada la distancia que separaba balcón y

pantalla, se me escaparon muchos detalles, hecho que después he podido reparar por tantas veces como han emitido la película en televisión.

Cine Terraza (Fuentes: Barbate, Imágenes de Ayer y de hoy)

Estado actual de la venta de Perulito

Las casas de la Lusa a la izquierda y fondo (Fuentes: Barbate, Imágenes de ayer)

Los toninos del Norte

Mejías era un exportador madrileño que traía toninos del Norte para las fábricas conserveras y encargaba a los lavadores, por mediación de Troyano, la descarga de esta especie.

En una ocasión esperábamos a un camión del Norte cuyo destino era Tarifa, lugar donde se iba a proceder la descarga, para lo cual Antonio Mejías nos emplazó a cuatro de nosotros hasta la Barca de Vejer para que desde este punto siguiéramos al camión hasta Tarifa. Tras una tarde de larga espera en el bar Infantes de la Barca de Vejer echamos unas cartas, unos cuantos cafés y alguna que otra copa. Enfrascados en los naipes hasta las12 de la noche, Antonio cortó la partida y nos invitó a cenar. Ni presencia del camión durante el tiempo que duró la comida, hasta que Antonio Mejías por fin nos mandó a dormir en el mismo Infantes. Al día siguiente nos enteramos de que el camión había llegado a Tarifa muy temprano y ya había descargado, y nosotros quitándonos las legañas en el bar Infantes.

En otra ocasión, tras una intensa jornada descargando toninos, el grupo de Troyano nos agenciamos de diez unidades para consumo propio. El lugar más apropiado para catarlos era la tienda de Perulito, pasado el Santuario de la Oliva, así pues y sin vacilación le llevamos los pescados para que los cociera y los aliñara. Perulito nos los presentó en piriñaca, con tomate, pimiento, cebolla, aceite, vinagre y sal; vista la presentación del plato a más de uno se le saltaron las lágrimas de emoción pues todavía pesaba en la memoria el poso del hambre de años atrás.

Poco tiempo después, los toninos dejaron de utilizarse para conservas porque comprobaron que se ennegrecían en el interior de la latas.

Las goteras del Zapal

La casa de mi tía Juana tenía goteras por todas partes y cuando llovía tenía que poner cubos, palanganas y cacerolas por toda su casa; mi pobre tía Juana temía a las tormentas más que un perro. Pero no era exclusivo de ella, solo unas pocas casas de mampostería en el Zapal se libraban de las goteras. Ni siquiera la casa de mi tía Paca la Camiona estaba libre de inundaciones; una las muchas noches que me quedé a dormir en su casa, me levanté para orinar y el agua del exterior me llegaba por los tobillos. La situación podía convertirse en auténticos dramas personales porque la lluvia podía anegar todo el interior de la vivienda y dar al traste con las pocas pertenencias que se tenía.

La suerte de vivir en una casa de mampostería sin ventanas radicaba en que la lluvia difícilmente se colaba para dentro salvo que tampoco tuviera puerta, pero no era el caso. Mi casa a pie de Emilita Luna, no tenía ni una sola ventana pero el agua seguía entrando por la puerta, como una noche de 1945 de mucho diluviar. El abrigo de mi padre lo pusimos a modo de cortina para que tapara todo el hueco de la puerta pero la fuerza del viento y el diluvio universal golpeaba la frágil entrada abatiendo cualquier objeto interpuesto.

Aquella noche estábamos mi padre, mis hermanos y yo, menos mi madre que se encontraba hospitalizada en el Hospital de Mora de Cádiz a causa de un absceso pegado a la columna; fue operada a vida o muerte y estuvo convaleciente en el hospital durante siete meses y medio.

Mi pobre padre también estaba enfermo, de tracoma, una infección en los ojos que podía dejar secuelas como la ceguera, muy frecuente en los años del hambre. El que sufría de tracoma se le catalogaba popularmente "de Almería" en alusión a los hombres que trabajaban el esparto en esa provincia y por estar en contacto con este material se les llenaban los ojos de legañas.

¡Hay cocina! ¡hay sardinas! ¡hay trabajo!

Los chóferes de los camiones procedentes de Algeciras que llegaban a Barbate a media carga avisaban al grito de ¡hay cocina! a lavadores. De esta manera después de completar la estiba con cajas de boquerones o sardinas en el vehículo, teníamos el permiso del chófer para tomar hasta un kilo de pescado fresco blanco: pescadillas, besugos, lenguados, chanquetes, gambas y/o calamares.

La pesca de la sardina fue la gallina de los huevos de oro para Barbate desde principios del siglo XX en adelante, frescas o en salazón, para barcos pequeños y grandes, capturadas en la Bahía de Cádiz o en Marruecos. Cuando el pescado era escaso y caro en España, en Barbate se cogía sardinas a raudales.

Para salazón, los barcos tenían que recalar en Santi Petri para cargar ingentes cantidades de sal, los más grandes hasta veinte toneladas. Solo las embarcaciones más pequeñas lograban llegar a la lonja de Barbate sin riesgo de tocar fondo, al contrario que las grandes que preferían recalar en Isla Cristina o Ayamonte para descargar.

Durante mucho tiempo las sardinas arenques fueron el sustento de muchas familias, no solo barbateñas sino también de otras localidades de Andalucía y resto de España. Era muy fácil su preparación: cogía la sardinas, la calentabas en el fuego para que la piel se despegara más fácilmente, un poco de aceite encima, la metías dentro de un chusco y a disfrutar.

A partir de 1970 los armadores y trabajadores de la lonja acordaron bilateralmente paralizar la actividad comercial en domingos y fiestas, sin embargo, los barcos seguían desembarcando en fiestas y se dirigían hacia el puerto pesquero más cercano, Tarifa. Allí nos íbamos el grupo de lavadores para ganar el jornal de los domingos y festivos.

En mi etapa de trabajo con José Troyano, una tarde de domingo nos dirigimos a Tarifa para cargar mil cajas de boquerones cuyo destino era Córdoba, Sevilla, Madrid y Málaga. Sobre las 10 de la noche terminamos la faena y José Troyano nos invitó a unas copas en la calle la Calzada, en ese mismo bar se encontraba Gregorio Moreno Conesa y no le faltó tiempo para echar una convidada.

Gregorio Moreno, socio de José Troyano se agenció dos almacenes muy grandes enfrente del Consorcio, uno lo destinó para el montaje de cajas de madera para el pescado y el otro para la preparación de sardinas frescas.

Montó ocho tinas muy grandes para meter las sardinas en salmuera. Las sardinas procedían de Agadir y a los lavadores nos tocó descargarlas y meterlas en los 400 litros de agua por cada tina, echarle sal y removerlas. Las sardinas se venían a la superficie y por lo menos quince mujeres se encargaban de estibarlas y prepararlas en cajas. Cuando ya estaban bien colocadas en las cajas, los seis del saladero de Troyano las retirábamos, las apilábamos y esparcíamos hielo por encima y cubríamos con papel. Había que cargarlas con mucho cuidado al camión para no removerlas mucho y que llegaran a Sevilla o Huelva en las mejores condiciones. La sardina era el pescado que mejor se vendía.

Después tocaba limpiar las tinas y tirar la sal al río. No había otro sitio mejor pese al atentado ecológico, al menos la sal se deshacía en el agua del río, y por último rematábamos con la limpieza del almacén.

El barco "der Te"

Mi hijo Jose Mari me anima a que siga escribiendo y yo no sé qué más contar. Me pongo a pensar y a pensar a ver de qué manera me van saliendo los recuerdos. Sí, bueno, esto que voy a narrar de pronto se me ha venido a la cabeza.

Sobre 1960, cuando el puerto de la Albufera ya estaba construido a falta de una lonja donde vender el pescado, éste se cargaba en pequeños camiones y se transportaba a la Lonja Vieja para ser despachado.

Las transacciones entre vendedores, compradores y exportadores se hacían desde camionetas pequeñas a la espera de que la mercancía se transbordara a camiones más grandes para otros destinos. Los vehículos se situaban en paralelo para que trabajadores de la Colla y lavadores acarrearan las cajas más fácilmente de un cajón a otro.

Un domingo del año 64 ó 65, no me acuerdo muy bien, el barco el Cabo Espartel, también conocido como el barco "der Te" porque sus dueños eran tres hermanos, se disponía a salir de la Máquina Sierra para botarse en el río. La instalación del carro que permitía que el buque cruzara de un lado a otro de la Chanca empezó antes de que la flota de camiones cargados procedentes de la

Albufera alcanzara la Lonja Vieja. Justo en el momento en que el barco discurría sobre los varales por en medio de la calle, se rompió una de las amarras y el barco quedó encallado en tierra firme en medio de la vía. Cuando los camiones enfilaron la calle de la Chanca, a la altura del Pósito Pescador, se encontraron de bruces con el barco "der Te" que les impedía el paso. Más de dos horas duró el bloqueo terrestre para desesperación de conductores, vendedores, exportadores y trabajadores de la Lonja, y más larga era la fila de vehículos que aguardaban por toda la Avenida del Río hasta la entrada del pueblo.

El arte perdido

Como dije anteriormente, las lanchas que capturaban caballas hicieron su particular mes de agosto en los años 1956-57. Mi cuñado Frasquito se embarcó en la Blanca Doble, propiedad de los hermanos José y Antonio Reyes que daba dos viajes por día a la Bahía de Cádiz.

De las ocho barcas, propiedad de los hermanos Reyes, la Blanca Doble ganó mucho dinero, además de los seis barcos grandes que fletaron, como Joven Beatriz, el Segundo Hermano Reyes, Domingo Reyes y otros.

La nave Domingo Reyes sufrió la calamidad de perder el arte cuando navegaba. La tripulación se protegía del fuerte viento de levante en el interior del barco mientras que el patrón de pesca y el de papeles lo hacía en el puente de mando. Por algún infortunio que desconozco el arte perdió la sujeción en cubierta y el barco empezó a vomitarlo al mar sin que nadie se diera cuenta. Cuando los patrones salieron del puente se quedaron pasmados al descubrir la cubierta vacía, obligándoles a regresar al puerto de Barbate sin su instrumento más valioso.

Dos improvisados cantaores

Una tarde de verano de 1954 en la puerta de Mejías, cuatro amigos: Diego Pacheco, el de la Ica, mi hermano Manuel y yo, disfrutábamos de una copa y al acabarla seguimos con nuestro paseo por la incipiente carretera del Puerto. El sendero entre pinos de hacía una década se había transformado en una amplia y abierta avenida asfaltada con pretensiones de convertirse en la arteria principal del pueblo, restándole protagonismo a la avenida de José Antonio.

Arribamos al bar del Trapero, a la altura del colegio del Generalísimo todavía no construido. Sentados en torno a una mesa con otra copa entre las manos, vimos pasear a dos hermanos de San Fernando, conductores conocidos de la Lonja Vieja. Los invitamos a que nos acompañaran y aceptaron gustosamente.

Recuerdo que el cantaor Rafael Farina actuó en Barbate en el invierno de 1954 y su arte aún resonaba en la cabeza de los barbateños. Uno de los hermanos, muy animoso entre el grupo de amigos, se arrancó por los fandangos de Farina y no le faltó tiempo al otro para acompañarlo. Ambos cantiñeaban por el popular cantaor delante de un auditorio reducido, sin embargo éste iba en aumento ya que la gente se paraba seducida por la voz de los hermanos. ¡Vaya el arte de los hermanos!, ¡vaya expectación la que se formó en cuestión de minutos y vaya rato más agradable!

El destino de los boquerones trasnochados

Había veces en la que los barcos aguardaban en Larache días o semanas a media carga hasta completar la bodega para hacer el viaje de regreso, a sabiendas del riesgo que suponía para las primeras capturas almacenadas. El pescado podía afearse después de varios días en la bodega ya que la precaria refrigeración de los barcos no garantizaba un perfecto estado de conservación.

Así surgieron los boquerones trasnochados, pescado pasado que no lograba venderse para su consumo pero sí para otra finalidad: el guano. El secado previo se hacía al aire libre bajo el sol del verano repartidos en terrenos y huertas existentes entre el actual polígono industrial y la Oliva. Los boquerones se esparcían por el suelo como una alfombra plateada mezclada con tierra. Y en verano, el olor a pescado podrido alcanzaba la misma entrada del pueblo hasta que secaba pasados unos días; después se recogía e introducía en sacos grandes hasta completar casi los cien kilos. Desde 1957 participé cargando sacos a los camiones que los llevaría a las fábricas de guano del Puerto de Santa María para su molienda.

Los dramas del mar

La historia reciente de Barbate está plagada de historias dramáticas, de naufragios, de barbateños que vivieron de la mar y murieron en la mar, personas aferradas a una forma de trabajo porque no conocieron más oportunidades que las que le ofreció el momento histórico que les tocó vivir.

Apenas tenía once años cuando me subí a un bote a la pesca del calamar en la Bahía de Barbate. Dos años antes de que yo me embarcara en uno de los ochenta botes que componían esta flotilla ocurrió un fatídico accidente. Como era costumbre se salía muy temprano, a las cinco de la mañana, y se regresaba a las tres de la tarde; se escogían las madrugadas de bonanza para faenar, pero en una ocasión, a mitad de la jornada se levantó una andanada de mar que planteó la difícil decisión de esperar a la bonanza o regresar a tierra de inmediato. Decidieron lo segundo, pero la mala suerte truncó la esperanza de la tripulación de uno de los barcos en volver a la playa sano y salvo; el embate de una ola lo hizo volcar y de los cinco tripulantes a bordo, solo un joven muchacho logró salvarse.

Otro episodio no tan dramático aconteció cuando yo

tenía catorce años; embarcado en la lancha A las Patitas, mientras esperábamos la bonanza para enfilar la Barra y llegar a puerto, el marido de mi prima Margarita la Camiona que ejercía de patrón, ordenó al motorista Juan de la Busa que apretara la marcha y al despuntar por la Barra una ola de cinco metros empinó la lancha casi en vertical, el rezón de proa salió despedido y tan morrocotudo fue el planchazo sobre la superficie que nos quedamos aturdidos por segundos, con el convencimiento de que la lancha se había partido en dos. Nueve días después de este incidente sufrimos otro en el mismo lugar y que ya relaté en *Experiencias de un naufrago* de mi primera obra. Años duros por las condiciones de vida y trabajo y por los riesgos a los que se exponían los marineros.

Los accidentados viajes a Cádiz

En los años 70 cuando no había pescado que trajinar en la lonja, los lavadores, además de sacar tajada del trabajo que la fábrica de Aniceto ofrecía con la descarga de pescado de camiones procedentes de otros puertos, aprovechábamos la ocasión para pedirle al conductor del vehículo que a su regreso nos dejara lo más cerca de Cádiz, y así rematar el jornal en aquella lonja.

Una mañana de 1973 descargamos un camión con 150 cajas de caballas en la fábrica de Aniceto y al finalizar la tarea le preguntamos al chófer cual era su destino: *Isla Cristina*, nos respondió, *pues haga el favor de dejarnos en el Cruce de Tres Caminos*. Vaya viaje tan aparatoso el que sufrimos un compañero y yo causado por las continuas *guiñás* del camión, quiero pensar que producidas por la inexperiencia del chófer debido a su juventud porque bien poco sabía de volantes.

Nos apeamos en Tres Caminos y como no pasaba combinación alguna, cogimos el caminito de San Fernando, un ratito a pie y otra caminando, como decía una canción moderna. La *pechá* de andar que nos pegamos hasta la parada de Comes, donde afortunadamente vimos desde lejos que aguardaban unos cuantos. Nos subimos en el último y mira por dónde, el conductor me reconoce y me dice *Juan, ¿tú qué haces aquí?, que este coche va para la playa, no para Cádiz.* Con que mi compañero y yo nos bajamos del bus a la espera de otro que fuera para la capital.

Cogimos uno que nos llevó hasta la estación de Comes, no sin que antes pusiera a prueba nuestra paciencia por las innumerables paradas que realizó. Cuando por fin llegamos a la estación, otro trecho nos aguardaba a pie hasta la lonja de Cádiz. Eran las dos de la tarde y el pescado ya estaba vendido y cargado, con que dimos un viaje en balde. Bueno, en balde no, todo lo contrario, desembolsamos el jornal de las caballas para pagar el billete de vuelta hacia Barbate. Llegamos a las cinco de la tarde, así son las cosas.

Una barrica en el negocio de la cal

Cuando Juanito Miranda y el hijo de Paquito, Manolo Sánchez, se hicieron con el control de la calera conjugaron otros negocios con el de la cal. En 1948 Juanito Miranda no tuvo otra brillante idea que improvisar una tasca en la calera, proveyendo de vino blanco barato al colectivo de trabajadores de la almadraba. En cuanto llegó la noticia a oídos de los almadraberos, todas las tardes se llenaba de clientes, fundamentalmente de Isla Cristina y Ayamonte, ansiosos por probar el caldo que se vendía a duro el litro.

A falta de vasos, el líquido se bebía directamente de la botella, al estilo trompeta, que yo rellenaba de una garrafa. No me daba abasto para acarrear tantas garrafas desde el salón donde guardaba una magnífica barrica de 500 litros.

A medida que la barrica se iba vaciando, el vino iba oscureciéndose, aspecto que no desanimaba a los almadraberos. Un duro en los años 40 eran tres céntimos de los antiguos, un precio que este colectivo podía permitírselo. El chorreo de higuereños y ayamontinos era constante, aún cuando el vino tornaba de oscuro a fango negro, y yo espantado me decía: *será posible que no le hagan ascos a este fango*; si no lo veo no lo creo.

Juanito Miranda compró el patio donde alojaba el barril a mi tía Paca la Camiona, lo preparó y lo convirtió en un salón cubierto de mampostería en medio del Zapal. Al lado de este salón paraba el vecino Juan el Sevillano cuyo hijo cantaba muy bien, conocido como el Nene, y éste tuvo otro hijo, el Cuquito, que heredó el arte de su padre. Cuquito se subió al mundo del espectáculo formando parte del equipo artístico de la Pantoja y me parece que reside en Madrid.

Cuento esto porque el Sevillano era vecino de mi suegra, María la de Conil y vivía dos casetas por delante de ella. Así era el Zapal, un patio de vecinos donde todos nos conocíamos.

Cines de película

Barbate disfrutó mucho del cine en los años 40 y sucesivos. Películas legendarias y otras muchas ya olvidadas se proyectaron en la oscuridad de las diversas salas que se abrieron en mi pueblo. Muchas se emitieron bajo el manto de la noche a cielo abierto, como el cine de Tablas construido en torno a 1943, cuyo dueño no podía ser otro que el empresario Aniceto Ramírez. Ubicado en la actual vivienda chalet, a la izquierda de la Oficina de Turismo en la avenida de Agustín Varo, sus paredes se levantaron con tablones de madera, asientos de tijeras en la parte delantera y bancas de cuatro metros en la trasera o cazuela. En este rudimentario cine vi *La Jungla en Armas* protagonizada por Gary Cooper y *La Blanca Paloma* por Juanita Reina.

La entrada del cine estaba al alcance de casi todos los adultos porque era barata, unas cuatro perras. Por el contrario, los chiquillos de mi edad nos la ingeniábamos para ver las películas gratis, aunque muy mal instalados encaramados en lo alto de un montículo de piedras desde el solar trasero.

El cine de Tablas duró apenas cuatro o cinco años, fue sustituido por otro de mampostería, también al descubierto, en la parcela trasera contigua. El precio de la entrada se incrementó a tres pesetas en la parte delantera y a uno con cincuenta para la cazuela, sectores separados por un muro de un metro de altura.

Con 18 años el jornal que ganaba en la calera me permitía ir al cine casi todas las noches de verano, eso sí, sentado en cazuela. Cuando se estrenó la película de *Juana de Arco* que protagonizó Ingrid Bergman invité a Carmela, hija de Cepero, familia que se alojaba en el antiguo Miramar, reconvertido en vivienda, casi enfrente de mi tía Paca la Camiona. En aquella ocasión hice un derroche de galantería pagando seis pesetas por los dos pases y buscando dos asientos muy próximos a la pantalla. Me dio por mirar hacia atrás cuando la película estaba a punto de acabar y descubrí a un gran número de espectadores completamente dormidos, puede que por la extensa duración de la cinta.

El cine de Mampostería no permaneció más de diez años funcionando, pero afortunadamente para los amantes del cine seguíamos gozando viendo películas en el cine Lázaro, también de verano, emplazado en la actual calle Pilas en la misma acera que la Comandancia de Marina.

Los malagíes de Conil

En enero de 2011, de regreso hacia Barbate después de un control rutinario con el cardiólogo de Puerto Real, a mi señora se le antojó invitarnos a comer en la venta el Canario, a pie de carretera de la N-340 en las proximidades del Colorado. Nos acompañaba mi hija Leo y mi nieto Juan Manuel que conducía el coche. De alguna manera celebrábamos mi buen estado de salud tras el infarto sufrido en 2009.

En el comedor me acordé de que próxima a el Canario se situaban unas naves cuyos propietarios eran conocidos en mi etapa del saladero de Troyano, éstos eran Lorenzo Robles, Pedro Petaca y Manolo Alba, todos *malagíes*. Los *malagíes* eran los que adquirían lotes reducidos de pescados que vendían desde su propio negocio o a restaurantes.

Lorenzo Robles era un vendedor de pescado que tenía un puesto en Conil y me encargaba lotes de lenguados y besugos para que los guardase hasta su recogida. Guardo un especial aprecio a Lorenzo porque, además de la confianza ciega que depositaba en mí en la custodia de su compra, él me obsequiaba con algún que otro ejemplar, con longaniza, morcilla o manteca, o bien se dejaba caer con un billete de mil pesetas. Recuerdo que en unas navidades se dejó caer con una cazuela de barro de lomo metido en manteca cuyo precio rondaría alrededor de las 500 pesetas.

Pedro Petaca, también de Conil, disponía de un saladero en la nueva lonja que gentilmente ofrecía a mi compañero Ramón y mí para que metiéramos las cajas viejas y rotas de la fábrica de hielo, y entre los dos reciclarlas para vendérselas a barcos y barquillas. Teníamos completa disponibilidad del saladero, como si fuera de nuestra propiedad. Tanto desprendimiento y generosidad no se me olvida.

Manolo Alba era un conileño muy formal, un *malagí* que vendía piezas a restaurantes. En muchas ocasiones me sorprendía con urtas de hasta cinco kilos o magníficas brótolas, detalles que no se me olvidarán nunca, lo mismo que su persona.

Un pueblo en alpargatas

Por los años 40 y 50 una gran parte de vecinos barbateños calzaba alpargatas de tela con suela de goma o cáñamo, y yo no fui una excepción. Se podían comprar en la tienda del Cojo Soler o en la de Pepurrio, en la acera del bar Revuelta, a un precio que no eran asequibles para todos los vecinos; en el laberíntico Zapal podría haber más niños descalzos que con alpargatas porque la penuria impedía reunir el precio de tres a cuatro pesetas. Los problemas no acababan por el simple hecho de andar alpargatado, este calzado no duraba intacto más de un mes, se partían por la punta y era frecuente que los dedos se asomaran para respirar. Como medida de protección debías tener cortadas las uñas de los pies para dilatar su mantenimiento.

Yo me las compraba en la tienda de Pepurrio y las prefería de color blanco ya que tenía la impresión de que duraban más tiempo. Las de cáñamo, que realmente eran de esparto, las reservaba para los domingos aunque independientemente del uso que le diera las cuidaba y limpiaba para prolongar su vida. No fue hasta la edad de 17 años cuando calcé unos zapatos como dios manda; cualquiera puede imaginar cual grata fue la experiencia.

Durante toda mi etapa como lavador en la Lonja Vieja

las alpargatas fueron mi calzado de trabajo. Las botas de agua eran un género difícil de adquirir debido a su alto coste y además, porque aumentaba el riesgo de caídas por resbalones: la superficie de la Lonja Vieja se cubría de hielo y se convertía en una pista de patinaje. Debido a la flexibilidad de las alpargatas los pies se adaptaban mejor a las irregularidades, y los dedos como garras se aferraban al piso. Los inconvenientes eran muchos: los pies acababan engarrotados por el frío, la humedad y por el esfuerzo constante de los dedos para asir el suelo.

Cada dos por tres metíamos los pies, con alpargatas incluidas, en una tina con agua a temperatura ambiente para aliviarnos del frío y el dolor, aunque con la incomodidad de tenerlos enguachinados. Cuando el colectivo de lavadores emigramos a la Colla en 1974, la Organización de Trabajadores Portuarios nos facilitó botas y ropa de agua adecuadas para desarrollar el trabajo con un poco más de dignidad.

El negocio de la trapería era uno de tantos con los que se podía ganar la vida; así lo hacían Juanito Miranda, el matrimonio Paco y María la Trapera y el otro Paco Jiménez. Todos ellos dedicados a la recolección de chatarra, cacharros viejos, trapos y vestidos en desuso, amarras viejas de almadraba y suelas de alpargata. Esta parte de la alpargata no siempre fue considerada como objeto comercial, pasado un tiempo se revalorizó y empezó a reciclarse para otros menesteres.

Hasta entonces, las alpargatas se tiraban por los improvisados vertederos que rodeaban al núcleo poblacional de Barbate, y en los montículos de arena que hacían de frontera natural entre la playa y la antigua carretera del Faro. Cuando los conocidos traperos de

Barbate empezaron a negociar con las suelas, los vecinos del Zapal se acordaron de las muchas alpargatas desechadas por viejas e inservibles que yacían enterradas en los barrancos de arena por el efecto de los vientos.

Si los gaditanos escarbaron en su playa para desenterrar los famosos duros antiguos, los barbateños zapaleños lo hicimos en nuestras arenas para descubrir alpargatas viejas y roídas por la puntera. Muy temprano, vecinos zapaleños de todas las edades y ambos sexos se asomaban por los basureros pegados a la carretera del Faro y escarbaban incansablemente con pico y pala, profundizaban en hoyos de hasta dos metros para atesorar cuantas más alpargatas mejor ya que los traperos las compraban al peso.

A partir de 1960 coincidiendo con la construcción de la Lonja Nueva, obreros con pala empezaron a retirar toneladas de arena de aquellos barrancos y entre tanta tierra ya no apareció ni un sola alpargata vieja y rota, todas habían sido ya desenterradas.

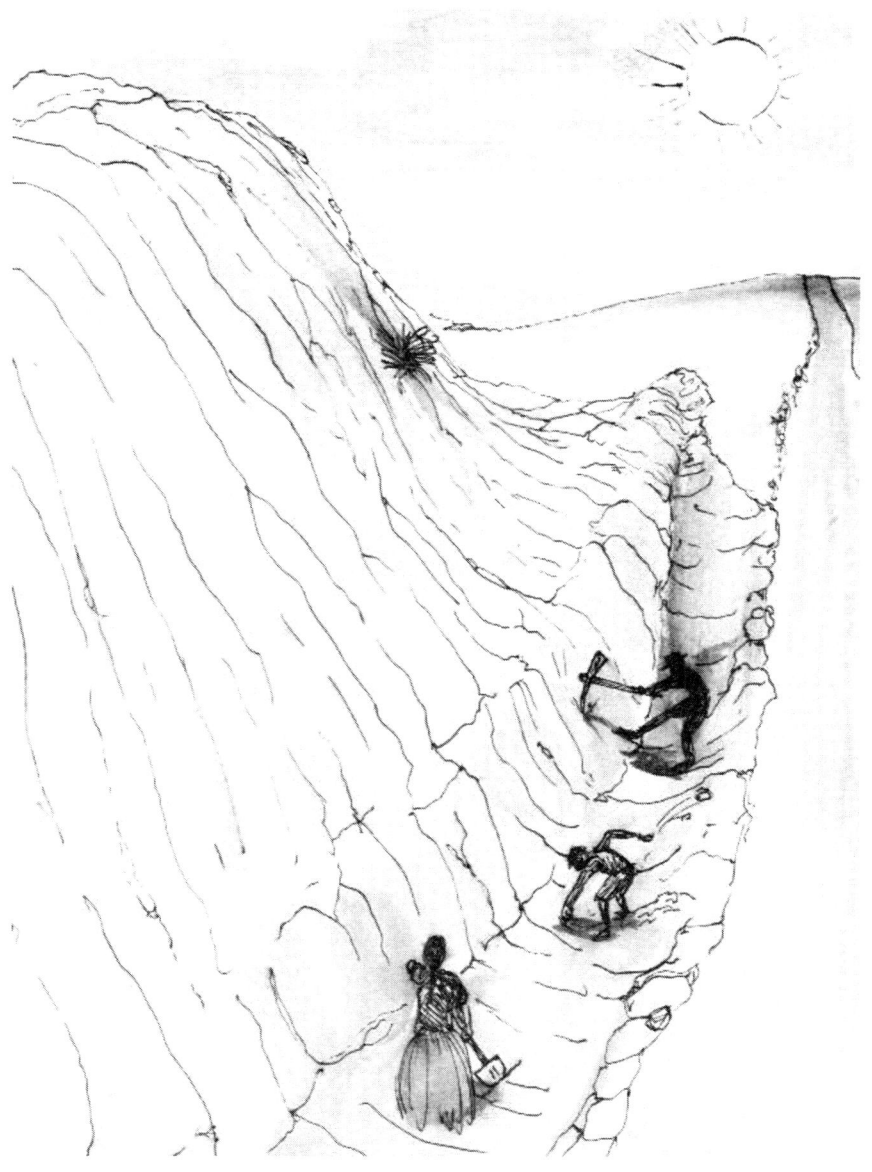

Los barrancos de la Carretera del Faro

La antigua Carretera del Faro, más conocida como avenida de Ruiz de Alda y renombrada actualmente como Avenida del Faro, no era precisamente una vía en toda regla, todo lo contrario, era un precario camino repleto de basuras, malas hierbas, bordeado por apéndices de barrancos utilizados como basureros. La vista no alcanzaba a ver la playa ni el mar desde esta calle y no era precisamente la fila de construcciones el impedimento, sino una elevación de arena y sucesión de barrancos hasta la playa la que hacía de frontera natural con el pueblo. La hilera de barrancas de arena se alineaba desde enfrente de la Aguja Palá hasta la parte trasera del bar Miramar (ver croquis pag. 54 de *Juan Rossi, un paseo por las lonjas de Barbate*), y en más de una ocasión las construcciones pegadas a estas lomas quedaban enterradas en arena.

El inicio de la construcción de la lonja después de 1960 demandaba arena, mucha arena, toneladas y toneladas de arena, y frente a esta necesidad los constructores del muelle clavaron sus ojos en aquellos barrancos utilizados como basureros. Recuerdo que a principios de los 60 el terreno fue invadido por un regimiento de hombres con palas que llenaban camiones con montañas de arena hasta rebosar, que después verterían en el nuevo espacio que ocupó la Nueva Lonja.

La fisonomía de la Carretera del Faro cambió por completo, viéndose favorecidas muchas chabolas orientadas hacia el sur que ganaron en deliciosas vistas al mar. También se saneó la zona al retirarse la basura acumulada desde muchos años atrás.

Se vació un espacio para crear otro nuevo: la Nueva Lonja inaugurada en 1961.

El Puerto de la Albufera, antes de la construcción de la lonja, albergaba esqueletos de numerosos barcos fondeados entre la proyectada fábrica de hielo y el varadero; me acuerdo del nombre de algunos como el Segundo Benito o el Nazareno, también llamado el Barco de los Cuernos, que fueron apartados a la par que se construía el muelle de atraque.

El plan urbanístico del pueblo se encargó de rellenar con inmuebles el lugar que antes ocupaban las lomas de arena, con la consiguiente reducción de costa; un nuevo y colosal espacio abierto a la playa que no saboreó la brisa marina por mucho tiempo porque el gigante de la construcción fue implacable.

Rincones para una boda

Mi hija Leo se casó el 14 de septiembre de 1986 con Juan López, hijo de Manuel López y Gloria Pacheco. Para cualquier padre la boda del primogénito representa un acontecimiento cargado de emociones contrapuestas: la satisfacción por el hijo que arranca una nueva etapa y la aflicción porque parte de uno mismo se desprende con la partida. Además, aquel año coincidió con mi jubilación, razón suficiente para sentirme triplemente emocionado.

La ceremonia se ofició en la Iglesia de San Paulino y el convite en uno de los salones que el Costero tenía en el paseo marítimo. Sin embargo, la boda fue tan multitudinaria que no tuve lugar ni para reflexiones ni para emociones, solo para arrimar el hombro; como padrino hice lo contrario a lo que habitualmente hace esta figura: me quité la chaqueta, la corbata, me remangué la camisa y me dispuse como un camarero a servir platos y bebidas. Mi mujer me decía: *pero chiquillo, ¿por qué no te quedas quietecito?*. Fue imposible, mi condición natural y el bullicio no me lo permitía, estaba excitadísimo lanzando platos de calamares de aquí para allá, ¡y anda que no estaban buenos los calamares a la plancha!

Prefería estar en el fregado del servicio antes que estar sentado y que me lo pusieran todo por delante; me sentía en la obligación de atender a los invitados para que tuvieran un grato recuerdo del día. Y a pesar de la *pechá* de trabajar que me di, lo recuerdo como uno de los mejores días de mi vida. ¡Ah!, y los gastos fueron a medias con mi compadre Manuel.

Mi yerno Juan, mecánico de profesión, trabajó durante mucho tiempo en el taller de el León. Regentó el negocio en alquiler durante seis años después de la muerte de su jefe hasta que abrió su propio taller de coches en la Ronda del Río. La apertura del nuevo taller en una nave de su propiedad significó mucho para él y para mi hija Leo.

Mi yerno Juan me acompañó a los toros en varias ocasiones: una vez me llevó a Zahara a un festival taurino de los Rivera. En 1994 me acompañó hasta Sevilla con su padre Manuel López para ver a Curro Romero, Chamaco y Espartaco, episodio que ya conté en mi primer libro.

El 27 de marzo de 1993 mi hijo Jose Mari y Paqui Almagro, hija de Juan el Pintor y Mercedes Villar, contrajeron matrimonio por la tarde en la Iglesia de San Paulino y festejaron el acto en la Peña la Pachanga. Esta peña, además de ofrecer sus instalaciones para las bodas de los hijos de pachangueros y conmemorar el carnaval, también acogía campeonatos y partidas de dominó.

La boda fue deslumbrante por el número elevado de criaturitas, más de trescientos, y por la carta de productos tan ricos que se sirvieron; se encargaron unos langostinos vivos de estero procedentes de San Fernando, cocidos en la peña que daba regalo comerlos, exquisita mojama y huevas de almadraba, buenos quesos, en fin, una variedad de géneros de primera calidad.

No solo se disfrutó de la comida sino también del ambiente carnavalesco que imprimió la Pachanga. Esta peña dio el cerrojazo hace algunos años y aunque el espíritu del carnaval se resintió en un primer momento, se reencarnó en otras formas de organización y expresión popular.

Mi hijo Manuel se casó el 17 de abril de 1999 con Kiki, hija de Tomás Gavara y Candelaria la de Erzúa. El convite tuvo lugar en el bar de mi cuñado Frasquito, en su patio interior reconvertido a comedor. Con las frescas, el tiempo primaveral sorprendió con nubes que fue mejorando a medida que progresaba el día. También vinieron muchos familiares, de Conil, San Fernando, Puerto Real y Cádiz. La madrina no podía ser otra que mi queridísima Josefa.

Muchas bocas que alimentar en el patio de Frasquito; cayeron por lo menos veinte kilos de riquísima carne adobada, gambas y langostinos a raudales, cinco barriles de cerveza y para los amantes de la manzanilla, cinco cajas de la Guita. En esta ocasión no me metí en *fregaos* para el servicio, los encargados eran José y Manuel, primos hermanos de mi mujer, y Antonio el hijo de Frasquito. Manuel Gil, el primo de mi mujer, como tiene mucha guasa, me llenaba la copa de manzanilla al poco de quedarse vacía: *toma una copita Juan,* me decía el muy canalla, pero no era una sola sino un montón y como era previsible los efectos etílicos no tardaron mucho en aparecer.

Igual que en las dos bodas anteriores, se optó por la tarta de Diego Virués, magnífico repostero conileño hijo de Luis el Confitero, el de la calle Real. La fiesta duró hasta bien entrada la una de la madrugada y porque se tuvo en consideración a los vecinos a causa del ruido. Yo tuve que acabar con la Guita mucho antes de dar cerrojazo a la boda.

El segundo enlace matrimonial de mi hijo Jose Mari tuvo lugar en el ayuntamiento de Grazalema el 15 de abril de 2000 en un sencillo acto civil. En esta ocasión a mí me tocó ejercer de padrino y a mi consuegra Rosario de madrina. Los protagonistas del casamiento quisieron celebrarlo en privado invitando solo a un reducido número de familiares y amigos, aunque la lluvia, la otra gran protagonista, se coló en el acto sin previo aviso.

Desde el día anterior a la boda, toda la familia del novio nos alojamos en la casa de campo que Teresa y Paco, tíos de mi nuera Ana, poseían a pie de carretera camino de la ribera de Gadoivar; pegada a la vivienda transcurría un pequeño riachuelo cuyo caudal estaba a reventar debido a las continuas precipitaciones. Era un casa rural muy acogedora, con chimenea y con una bella estampa de Grazalema desde su parte inferior, sin embargo, para mi mujer fue un suplicio porque temía que la lluvia y la cantidad de agua que manaba por el arroyo arrastraran la casa; tanta naturaleza junta le abrumaba.

La comida nupcial se organizó en el hotel de siempre llamado el Hostal, en las afueras del pueblo. Desde el comedor, con sus grandes ventanales se divisaba una bella panorámica del pueblo así como la densa cortina de agua que caía sobre él.

El domingo por fin escampó, a pesar de que el viento frío seguía agitando las nubes por los picos de Grazalema, pero no impidió que un primo de mi nuera Ana llamado Alfonso, elaborara una exquisita paella que disfrutamos al aire libre.

Nos volvimos el domingo por la tarde en el servicio de furgoneta-taxi de Benito, un antiguo compañero en mi etapa de José Troyano, reconvertido a taxista. Fue él quién nos llevó de vuelta junto a mi hijo Manuel y su embarazada mujer Kiki; mi hija Leo, Juan y mis nietos Juanma y Gloria se volvieron en su coche.

A pesar de la lluvia, guardo un recuerdo muy entrañable de esta celebración no solo por este lugar tan privilegiado, sino también porque me fundí gustosamente las 138 mil pesetas de la bonoloto que me tocó la semana anterior.

Higüela abajo, tras los pasos de Juan Rossi

Grazalema 2000

*El día de la Oliva con mis hijos y
familiares a mediados de los 70*

Entre vírgenes, procesiones y romerías

La imagen de la Virgen de Fátima se adornaba y custodiaba en el Zapal, en una urna de cristal ubicada en una pequeña capilla del patio de la casa de Juanita Infantes. La imagen se paseaba a hombro en procesión por cuatro mujeres por las intrincadas callejuelas, con paradas estratégicas delante de las chabolas donde se sabía de la existencia de algún vecino enfermo de gravedad, a la espera de que la familia saliera al exterior a recibir la bendición. Se entonaba el rosario y otros cantos eclesiásticos dirigidos por la beata Pepita Fuentes, natural de Conil, que también impartía la catequesis a los niños que iban a hacer la comunión. Mi mujer se preparó de la mano de la fervorosa Pepita Fuentes además de aprender el rosario y otros cantos de iglesia. También le toco un año llevar la venerada imagen junto a otras tres zagalas del Zapal.

Actualmente, la siguen paseando a hombros y el trayecto procesional lo han alargado desde la barriada de Fátima hasta la aldea de San Ambrosio con banda de música incluida.

Por otra parte, cada siete de mayo se cumplía con el preceptivo encuentro bucólico entre vejeriegos y barbateños para celebrar el día de la Oliva. Familias de uno y el otro lado del santuario de la Oliva colonizaban un reducido espacio por los alrededores de la ermita, extendían colchas y mantas para protegerse de la broza del suelo y buscaban acomodo pese a lo accidentado e inclinado del terreno. Era un día especial para ambas localidades que se quedaban prácticamente vacías para no perderse el jolgorio. Los coches de línea estaban a rebosar tanto para la ida como para la vuelta, y los más jóvenes optaban por el desplazamiento a pie entonando las canciones de moda.

Una suculenta propina

En 1993, mi yerno Juan propuso una comida familiar en la venta de los Molinos, camino de Casas Viejas, y allí nos dirigimos. Pegada a un antiguo molino de agua, el entorno no podía ser más rústico y agradable. Antes de pasar al comedor nos tomamos algunas cervezas en la barra, y allí estaba Diego Pacheco y su familia, tío de mi yerno Juan y amigo de la juventud que también esperaba para entrar en el comedor.

Mi pequeño nieto, Juan Manuel, correteaba fuera del recinto, y Gloria, con dos años, protestaba en los brazos de su madre. En cuanto acabamos con el postre, muy presto le pedí la cuenta al camarero ya que no estaba dispuesto a que mi yerno se adelantara. El servicio me costó 11.500 pesetas, más otras mil de propina. Al camarero se le cambió la cara nada más ver el billete verde, y más contento que unas castañuelas anunció por lo alto: *¡whisky para todos!*

Las militagarninas de Pajares

El marido de mi prima Margarita la Camiona se llamaba Antonio, y pese a no estar muy puesto en los productos de tierra aunque sí en los del mar, me propuso que lo acompañara a Pajares para recolectar tagarninas un diciembre del 75. Me llevé conmigo a mis niños Manuel y José Mari de 10 y 8 años respectivamente, ambos con mucha ilusión de poder disfrutar de un día de campo.

Dejamos el 600 al filo de la carretera y emprendimos un trayecto de 500 metros hacia la playa por un terreno completamente enfangado por la lluvia caída semanas atrás. Para ser la primera vez que recogía tagarninas no se me dio nada mal, pues conseguí recolectar un buen montón, mientras que mis hijos, menos diestros en la búsqueda y extracción de estas plantas solo lograron llevarse el fango pegado en la suela de sus zapatos, que por otra parte les dificultaba el andar. Llegaron reventaítos los pobres, aunque después relamieron el plato de la tortilla de tagarninas que les preparó su madre.

Mi hijo Manuel entabló amistad con un compañero del colegio llamado Faíto, y mi mujer y yo con los padres de éste. Se llamaban Rafael Lara, guardia civil de profesión, y su esposa Loli; vivían en una de las muchas viviendas situadas dentro del cuartel de la guardia civil. Era una pareja encantadora, muy cordial y con frecuencia proponía salidas al campo y visitas a otros lugares. En 1981, acudimos otra vez a Pajares para coger tagarninas con esta familia amiga. En esta ocasión aparcamos su Renault 21 cerca del cuartel militar ubicado en el camino a Zahara. En plena faena de recolección, los helicópteros militares sobrevolaron nuestras cabezas aunque no nos dimos por advertidos y seguimos con nuestra agreste tarea, incluida la merienda.

En otra ocasión, Rafael nos invitó a visitar San Roque, el pueblo de donde era originario él y su mujer Loli. En el viaje, además de mi mujer, nos acompañó el pequeño Francisco, hijo de mi cuñado Frasquito el de los Caracoles. En el pueblo, conocimos a los hermanos de Rafael, y de regreso nos pasamos por la verja de Gibraltar.

Rafael era una persona muy formal y atenta; con frecuencia le obsequiaba pescados que obtenía de la lonja como gesto de amistad.

En 1980 fuimos a echar el día a Jarillo que yo no visitaba desde 1946, y en esta ocasión acudí para disfrutar de una barbacoa con ricos y gordos boquerones. En 1982, Rafael se trasladó voluntariamente a Ceuta, sin embargo nunca perdimos el contacto porque ellos se alargaban hasta Barbate cada vez que cruzaban el Estrecho para ir a San Roque.

La avenida de José Antonio

Esta avenida fue la arteria principal de Barbate hasta finales de los años 50, cuando la avenida del Mar se fue configurando como el exponente del Barbate moderno. El arranque de la avenida José Antonio se ubica en la misma entrada del pueblo, e inmediatamente a su derecha se localizaba la vivienda del que fue alcalde desde 1936 hasta 1955, don Agustín Varo.

Proseguía la vía con otras viviendas, ente ellas la del hijo del empresario conservero Pérez y Feu, hasta llegar a la tienda de Cruz justo enfrente de los chalets de los Crespos construidos en 1942, según indica la placa delantera que conmemora su edificación.

El espacio que ocupa el taller de León sirvió de asiento para atracciones de feria como las cunitas y el carrusel de caballos. A la altura de este taller hacia las Casetas del Río se levantó la Plaza de Toros de madera junto al resto de recinto ferial.

El almacén de el Morito, en la orilla izquierda, hacía esquina con la actual calle Chiclana y la avenida José Antonio. Dicho local era alquilado para ofrecer espectáculos musicales en los días de feria; todavía resuena la canción *Ay mi Tani, Tani que mi Tani, Ay Tani Gitana Morena* en aquella improvisada sala de fiestas.

Pegado al almacén de El Morito se alzaba el cine de

Tablas cuyo dueño fue Aniceto Ramirez en donde se proyectaron estrenos durante los cuatro o cinco años que se mantuvo abierto. Después de su cierre y demolición se construyó el cine de Mampostería en el solar trasero.

El colegio de las monjas se construyó en los años 20 y el cine Avenida no se levantó hasta 1950, pero antes de su construcción ya existía el bar de Pepe Abelardo, en la otra esquina separado por la actual calle Pedro Maestro Carmona, que por los años 40 abría sus puertas para suministrar bebidas.

La actual Iglesia Evangélica era ocupada por el almacén de Botón, el cosario de Barbate, y a su lado se hallaba la tienda de Patilleja que aún permanece. Frente por frente de esta última tenía su casa el médico don Francisco Valencia, en la entrada de la actual calle Pilas, pegada al bar de Pepe Abelardo. Bajando los escalones de la actual calle Pilas se accedía a la Comandancia de Marina donde me reclutaron como quinto, y a continuación el cine Lázaro, un delicioso cine de verano cuyo propietario fue el hijo de don Diego Lázaro, contratista de las primeras casas ultrabaratas.

Un poco más abajo de la tienda de Patilleja, se hallaba otra cuyo dueño era Pepe Mejías y enfrente, en la orilla izquierda, la casa de Manolo Gallardo, alcalde desde 1955 a 1963. Si seguías por esta acera, te tropezabas con el Bar España, lugar donde se compraban los billetes del coche línea y también donde los cantaores y bailaores se juntaban después de finalizar cualquier espectáculo en el cine Avenida a partir de 1950.

Pegada a la tienda de Mejías, que todavía se mantiene en pie, se localizaba el Banco Central, punto escogido para los ensayos de la banda de música de Sabal. Y más abajo, esquina con Calvo Sotelo, la tienda de ultramarinos de Pepurrio donde compraba mis alpargatas.

El bar España estaba en un edificio anexo al ayuntamiento de Barbate y al que después, no me acuerdo en qué fecha, Guerra trasladó su farmacia desde la calle Real.

Pegado al ayuntamiento existía una pequeña tienda de bebidas de cuyo dueño no retuve el nombre y al lado de ésta la conocida Posada cuya acera se ponía atestada de borricos. En la orilla opuesta, dando paso a la calle Nueva, se hallaba otra tienda, creo que de Pachequito, aunque no lo puedo asegurar. Y cerrando la avenida de Jose Antonio, casi pegada a la entrada de la calle La Oliva te tropezabas con la pequeña tasca de Juan Tocino.

Enfrente del Bar España se localiza el bar Revuelta. Más adelante, un poco más escondido, en la misma acera aparecía el Mercado de Abastos construido en 1948 al que acarreé mucha cal. Antes de su construcción, la parte posterior era ocupada por el Palenque, un espacio abierto destinado al comercio de frutas y verduras. Durante algunos años, después de que se reubicara el Palenque en el Mercado de Abastos, dicho solar fue aprovechado para la instalación de alguna atracción de feria, creo recordar que fue un pequeño tren. Posteriormente en esa misma extensión se edificó el Monte de Piedad, y enfrente se levantaba la Antigua Iglesia de San Paulino.

Las instalaciones de la guardia civil fueron cambiando de sitio y en el transcurso de aquellos años se ubicó por un tiempo en la embocadura de la calle Nueva, vía muy transitada por la corte de zapaleños para adentrarnos al Barbate más cosmopolita. A la edad de 13, el cabo

Hernández me decomisó un saco de piñas de la Breña, motivo por el cual tuve que responder en las oficinas del cuartelillo. Después se reubicó en la antigua farmacia de Tato Anglada, el alcalde republicano, en la calle Capitán Haya, para después pasar al inmueble que acoge a la peña flamenca, en la actual plazoleta de Carlos Cano.

El accidente de la morera

Como ya escribí en mi primer libro, el tiempo de las moras era por el mes de junio. Enfrente del cementerio se hallaba una huerta cuyo propietario era Luis Vázquez donde crecía una morera, un lugar que ejercía cierta atracción para los chaveas de 1941. Tenía yo once años cuando, junto con cuatro amigos de edades similares, nos encaminamos hacia el jardín prohibido para degustar alguno de sus frutos. Trepamos sin dificultad por el árbol al que poco le faltaba para alcanzar los cinco metros. Como monos, sentados entre ramas y hojas verdes engullíamos todas las moras que el brazo podía alcanzar. No satisfecho todavía por las que ya llevaba ingeridas me pasé a otra rama y en un movimiento noté que mi alpargata resbaló por el tronco liso, perdí el equilibrio sin que pudiera asirme a otra rama y caí al vacío; me fui dando topetazos y arañazos con las ramas que se interponían, además de impactar mi barriga contra el suelo que me mantuvo tendido inmóvil más de media hora por el dolor y el miedo a tener una lesión interna. Mis amigos no sabían a quién pedir auxilio porque la distancia al pueblo era grande. El llanto de dolor se mezclaba con el de rabia porque me recriminaba mi mala suerte ya que no podía ser causante de otra desgracia en mi familia, que ya padecía con el encarcelamiento de mi padre en el penal de Cuatro Torres en San Fernando.

Mis amigos no hacían más que preguntarme por mi estado, hasta que pasada más de media hora me fui incorporando poco a poco. Me costó mucho trabajo llegar a mi casa, por cada paso dado las tripas se retorcían de dolor y las moras parecían que querían salir al exterior. Por supuesto no le dije nada ni a mi madre ni a mis hermanos, ellos estaban tranquilos y yo, pese a los retortijones, también lo estaba si ellos lo estaban. Todo quedó en un mal rato.

La bóveda del cine Atlántico

La construcción del cine Atlántico ocurrió a finales de los años 50, no recuerdo si en 1957 ó 1958. Sin lugar a dudas fue uno de los edificios más impresionantes de la arquitectura moderna barbateña, sin embargo corrió la misma suerte que otros más antiguos: fue demolido y sustituido por viviendas de nueva construcción.

El cine Atlántico disponía de una gran bóveda que ocupaba casi toda su amplitud. Previa a la construcción de la bóveda del cine, a modo de ensayo y para valorar su resistencia, se montó una bóveda en el patio del establecimiento de materiales de construcción que tenían los hermanos Conil, próximo al Pósito Pescador. Y enci ma de la enorme bóveda pusieron toneladas de sacos con arena, coincidiendo por la tarde con un insólito temporal de viento que levantó gigantescas olas, incluido los techos de hojalata y cartón piedra de las chabolas del Zapal.

Aquella noche el bramido del aire provocó tanta desazón que temí por los vecinos que vivían en las quebradizas chabolas. Ya mi familia vivía en el nº 29 de la calle Zapal, vivienda levantada con materiales más modernos que nos procuraba mayor seguridad, pero que ni por eso estaba completamente garantizada.

Al amanecer, la tempestad amainó en tierra, descubriendo los múltiples destrozos que había causado en el Zapal sobre todo en las casetas más próximas a la playa, por el contrario su fuerza seguía latente en el litoral con la consabida andanada de mar. Me asomé al patio de los hermanos Conil para comprobar en qué estado se encontraba la bóveda y observé que los sacos de arena estaban desperdigados por el patio y los tablones de madera sobre los que se apoyaba la estructura se habían desplomado, y por consiguiente el techo también se había venido abajo.

El ensayo de la bóveda no resistió a los fuertes vientos del Estrecho, ni tampoco el cine Atlántico a las sutiles maniobras del negocio del ladrillo.

Hay veces que imagino que mi pueblo ha mantenido intacto el cine Atlántico, los cines de verano Puerto y Terraza con sus paredes colmadas de jazmines y buganvillas, películas y espectáculos de flamenco, el cine Malia, el Faro Antiguo, los saladeros en el puerto, el parque Infanta Elena, las fábricas de conservas y salazón, fantaseo con un casco antiguo que conserva una arquitectura armónica con el estilo propio de las casas gaditanas, además de una playa ancha de más de cien metros de arena no ceñida por paseos marítimos.

Por lo menos conservamos la Lonja Vieja, que aún se mantiene en pie aunque con poco uso. Me reconforta pasear por delante del cine Avenida, aunque prefiero no imaginar el estado tan lamentable de su interior, así como atravesar la calle Nueva, la calle la Oliva, la calle Real.

Mi pueblo se ha ido transformando para bien y para mal y me duele saber que las nuevas generaciones no hayan ni oído hablar de los emblemáticos rincones que albergó de los que tanto disfrutaron padres y abuelos.

El Rentoy y el Ventilador

En el kiosco de Sebastián el de la Parada he presenciado las situaciones más hilarantes y grotescas de mi vida, como aquellas de 1969 y años siguientes, jugando al *rentoy*.

Este juego de cartas se caracterizaba por ser muy escandaloso, debido en parte a la vehemencia de los participantes en los envites y faroles, y también al corrillo animado de espectadores que lograba reunir. El cuatro de bastos era el mojero, el que más valor tenía; después el caballo de oros denominado el tuerto; al tres del palo correspondiente se le llamaba andorra y al dos, malilla. Se jugaba entre seis y se hacía equipos de tres; se envidaba al jugador contrario lanzando faroles: *"te envío tres", "y yo seis", "y yo nueve"* hasta treinta.

Carrero era un jugador mayor con mucha gracia, gran fumador de los cigarrillos Ideales, conocidos como *caldo de gallina* que guardaba en el bolsillo de su chaqueta. En medio del vocerío, uno de los concurrentes introdujo un huevo en el bolsillo de Carrero sin que éste se diera cuenta, y cuando va a echar mano a los cigarrillos, de un manotazo estruja el huevo emitiendo un alarido de sobresalto y repugnancia, lanza con violencia el huevo hacia arriba y se estrella contra el ventilador del techo.

Aquel ventilador desparramó el huevo por los aires salpicando a todo el mundo, aunque la mayor parte cayó encima del traje nuevo de Capacha, patrón y dueño de barcos, ajeno al espectáculo.

Allí se formó la de San Quintín, Capacha, completamente iracundo, quería romper hasta el televisor; la que se formó con la situación tan descojonante porque cuánto más reprimías la risa para que la ira de Capacha no fuera en aumento, más te tronchabas. Durante la limpieza del kiosco, entre jocifa para acá y jocifa para allá, a los testigos de aquel episodio se nos caían las lágrimas de tanto alborozo.

Muchos años después, vi a Capacha en el bar de mi cuñado Frasquito y le dije, *te acuerdas Capacha del día del traje; cómo no me voy a acordar,* me respondió, *si lo tuve que tirar porque, ¡quién se iba a poner ese traje con esas manchas de huevo!*

El vaquero Juan Ramón

Luis Vázquez, el hortelano de enfrente del cementerio, dejaba que sus vacas pastaran en la Breña. Diariamente Juan Ramón, el vaquero encargado, salía de la huerta de Luis Vázquez a las siete de la tarde y conducía el ganado a la Breña para que paciera durante la noche y regresaba de mañana. Ni la lluvia ni el viento impedía a Juan Ramón sacar a las bestias.

Con 12 años de edad acompañaba a mi padre a la Breña y a Jarillo en la recolección de piñones y picón como medio para subsistir. En nuestra ruta nos encontrábamos al pastor Juan Ramón con el que mi padre entablaba una amistosa conversación y pasado unos minutos, reanudábamos la marcha.

Juan Ramón me causaba cierta admiración por su vida en soledad y por las noches que pasaba a la intemperie bajo la protección de un buen capote y la copa de un pino en los días de lluvia.

Antes de aterrizar en la calera en 1945 y coincidiendo con el empleo de mi padre en el Consorcio, transité solitario por la Breña con mi perro y mi caña larga, hasta que me topaba con el previsible ganado de Juan Ramón. El ladrido de mi perro traía locas a sus vacas interrumpiendo su lindo pastar, entonces decidí no llevarlo más.

Desde la caída que sufrí desde lo alto de la morera, trepaba a los pinos con mucha cautela, y por supuesto en ausencia de mi padre, evité las alturas siempre que pude, vareando las piñas con la caña desde el suelo. Acabé mi etapa silvestre en agosto de 1946, sustituyendo el tizne de las piñas y el picón por el blanco cáustico de la cal y piedras.

Mi padre, una figura muy presente

Mi padre fue condenado a la pena privativa de libertad durante ocho años por el delito de "adhesión a la rebelión", por la cual, después de su encarcelamiento al acabar la Guerra Civil, cumplió con el castigo impuesto de libertad condicional desde julio de 1942 hasta conseguir la plena libertad el 18 de agosto de 1947. A mi padre le prohibieron la salida de Barbate por tierra y mar durante los cinco años que duró su libertad condicional, sanción que limitaba la suerte para ganarse la vida.

Para él la manutención de su familia seguía siendo una imperiosa necesidad, por tanto no tuvo más opción que embarcarse en una pequeña lancha que pescaba a escasas millas de la costa de Barbate. Se llamaba la Chachita y ejerció de piquero, el que mantenía la barca estabilizada apuntalándola con un remo en posición vertical a la proa mientras se echaba el arte. Estos reducidos botes salían por el río en la pleamar de mediodía en ausencia de oleaje y regresaban de noche. El pescado se vendía en el llano de enfrente de los Seis Grifos porque la Lonja Vieja aún era un proyecto pendiente de construcción. En una ocasión, la flota de pequeñas *chachitas* trajeron consigo un ala de avioneta, no muy grande, despertando mucha expectación entre los curiosos.

Aunque mi aversión a subirme a un barco no apareció hasta después del incidente sufrido en la A las Patitas a la edad de 14 años, mi aspiración era acompañar a mi padre en su barca, a veces se lo pedía llorando y su respuesta siempre era la misma: *niño, que te vas a marear.*

Poco tiempo de estar embarcado, apenas cumplido medio año, mi padre logró un empleo como peón de carga en el Consorcio echando horas sueltas al principio, que se iban alargando a medida que el número de atunes iba en aumento; eran días de atunes y rosas.

A la una de la tarde sonaba el pito de la fábrica que avisaba de la salida para almorzar y tras una hora de pausa se reanudaba la jornada a las dos. Me acuerdo de las tardes en las que le proveía de la merienda compuesta de café de malta y un cacho de pan.

En 1945 dos sueldos en casa, el de mi padre en el Consorcio y el mío en la calera, proporcionó una cierta estabilidad y tranquilidad económica para mi familia, y aunque seguíamos con las estrecheces típicas del momento no era la penuria de antes. Mi padre llevaba a casa alguna huevas de leche del atún del Consorcio, y con la pella de las huevas mi madre hacía chicharrones. Un nuevo aire de optimismo y alegría entró en el cuchitril de Emilita Luna bajo la seguridad de los sueldos y el efecto vigorizante de los chicharrones.

En 1947 mi padre recuperó la plena libertad volviéndose a embarcar, esta vez en el Cabeza de Hierro, un pesquero que salía para Larache. Sin embargo no navegó por mucho tiempo porque el Consorcio volvió a contar con él, asegurándole una mayor estabilidad y permanencia hasta 1957.

Pero a pesar del nuevo aire renovado que entraba y salía por la única puerta de mi casa, aquel cuartucho sin ventanas de Emilita Luna se iba reduciendo a medida que crecíamos, tornándose inaguantable e insufrible. En la cabeza de mis padres rondaba ya la idea de comprar una vivienda más grande, y fue en 1954 cuando nos trasladamos al nº 29 de la calle Zapal, en plena senda de la Higüela.

Después del Consorcio, mi padre bregó en la dura Colla de la Lonja Vieja durante diez años, aproximadamente hasta 1968. Cayó gravemente enfermo en 1973 postrándole en casa hasta que murió al año siguiente.

Los zapaleños: los pobladores más dignos del mundo

El ocaso del Zapal no había hecho más que empezar. A finales de los años 50 y principios de los 60 ya se escuchaban voces de que el final del Zapal llegaría más pronto que tarde a la vista del auge urbanístico que había tomado el pueblo diez años antes. Muchas familias fueron preparándose proyectando su vida en las nuevas construcciones: las casas de las Cunitas, el Cerrito, las casas de la Lusa a lo largo de la avenida de la Victoria, calle Vejer, calle Madrid, renunciando a una forma de vida que nos marcaría para siempre.

Abandoné mi casa en el Zapal cuando me casé en 1961, y la familia de mi mujer lo hizo año y medio antes ya que se trasladaron a la nueva vivienda que su tío Juan, hermano de mi suegra, adquirió en la calle Madrid.

En 1961, mi mujer y yo nos fuimos a vivir a una de las viviendas de la Lusa en la calle Vejer, pero solo parábamos para dormir porque el resto del día lo pasábamos en casa de su tío Juan.

En 1963 aterricé en la avenida de la Victoria n° 32, donde resido actualmente. Esta vivienda se la concedieron a mi suegra por aquellos años y aunque no se vio en la obligación de pagar anticipo, sí que mantuvo una cuota mensual de 420 pesetas que abonaba religiosamente en una ventanilla de los fríos despachos del Pósito Pescador. Sufragó su deuda a principios de los 80 cuando le hicieron entrega de las escrituras.

El fenómeno del Zapal surgió a principios del siglo XX, ante la necesidad de ofrecer asentamiento a vecinos de Barbate y de otras localidades que, llamados por el florecimiento de la actividad pesquera, no tenían otro lugar para alojarse. Cuando aquel poblado creció y se mantuvo hasta bien entrado los años 70 su situación era ya insostenible; Barbate no podía permitirse un gueto que concentrara vergüenza, miseria y por supuesto, marginación.

Con Diego Barrera, alcalde de Barbate desde 1970, llegó la desaparición del Zapal. Las excavadoras limpiaron la zona de chabolas y casetas, levantando una nube de polvo que escondía más de 70 años de existencia. Mi casa en la calle Zapal nº 29, construida en mampostería, no fue derribada ya que no interfirió en el futuro trazado de calles. Años antes de la demolición en 1974, solo quedó una población residual que fue realojada en las barriadas de Carrero Blanco, Fátima y Nozal López.

Por cada montículo de arena acumulado con las máquinas excavadoras, un pozo se sellaba de los muchos que suministraban agua a las 4000 personas que allí vivíamos. Aquel reducto de pobreza anclado en un floreciente Barbate pasó a ser un extenso claro de tierra removida que enterraba muchas historias familiares y personales.

A partir de la demolición del Zapal, se dio un uso muy variado a aquel espacio polvoriento. En 1975 ó 1976 se celebró la primera y única carrera de motocross con una tribuna montada por detrás del bar la Pava. Exceptuando el molesto rugido de las motos y una nube irrespirable de humos y tierra, los saltos eran espectaculares sobre un terreno accidentado y espacioso. Una vez más, el gran número de asistentes barbateños fue el protagonista de dicho evento. Después llegaron asentamientos feriales, *piojitos*, aparcamientos, promesas de un centro de salud y nuevas edificaciones que señalaban los confines de la desaparecida urbe laberíntica del Zapal.

Todavía queda algún vestigio, una araucaria que se encuentra en una parcela semiderruída, uno de los pocos reductos que sobrevive tras el arrasamiento del Zapal: el lugar más digno del mundo porque concentró a personas muy dignas. Sirva este relato como homenaje a todos los que allí vivieron y murieron.

La araucaria del Zapal
(Poema de Paco Malia)

Te he reconocido, vieja araucaria,
porque has sido testigo de la miseria,
porque eres bella y simétrica
como mis sueños,
porque agitas tus brazos
hacia un cielo que se confunde con el mar
y eres una flecha que apunta
al corazón del universo
como símbolo de la esperanza
y contrapunto del asfalto.
Eres casi como yo, araucaria centenaria,
porque también anhelas lo imposible
y te impiden alzar el vuelo
las raíces aferradas a la tierra como uñas.
Oh, araucaria, en tu desesperanza,
eres sombra gigante y esbelta plenitud
de aquello que confunde la ida con la vuelta.
En ti fijaron sus ojos
niños sin camisas,
escalaron tu tronco
para ver la llegada de los barcos,
eran niños que admiraban
la rectitud del horizonte
y el sol rebotando en las olas.
En su hacinamiento de latón y de madera

Dios asomaba su ojo escurridizo
entre tus ramas
y espulgaba la cabeza de los niños pobres,
de la soledad pobre,
de la pobre tristeza.
Oh, vieja amiga, araucaria,
centinela alerta de la bahía
entre el regocijo de las olas
y la algarabía silenciosa del estraperlo.
Por el laberinto de excremento
y de la soledad multitudinaria
pasea la historia gris y áspera
que es como una zagala de paupérrima mirada
y de pálidas manos que espantan las moscas
y las querencias.
Esa historia percibida y no escrita
contempla, bajo tus pies,
la perpendicularidad de los solares
y ve brotar de la tierra
elefantes con jardines,
hipopótamos de lomos rectangulares
y asfixiante ansiedad.
Te arrinconarán, araucaria
de mis años adolescentes,
y perecerás en la prisión de tu destino,
porque de repente no habrá mar
ni niños que jueguen al trompo,
ni madera ni latón ni una mañana
que recibir con los brazos abiertos.

Este libro terminó de editarse en julio de 2014

Índice